Peter Frank, Jahrgang 1937, ist gebürtiger Münchner. Er war Verlagskaufmann und Journalist, bevor er Pressesprecher einer Münchner Versicherungsgruppe wurde. Bisher hat er zwei Kriminalromane veröffentlicht, davon wurde einer mit einem literarischen Preis ausgezeichnet. Frank ist ein exzellenter Kenner seiner Stadt. Die Themen und Fälle, die er in seinen Romanen verarbeitet, sind ihm wohlbekannt.

Originalausgabe

Umschlaggestaltung Klaus Dempel, Stuttgart
Gesamtherstellung Hanseatische Druckanstalt GmbH, Hamburg
Printed in Germany · 1 · 12 · 482
ISBN 3-426-04926-0

1. Auflage

Peter Frank:
Asphalthyänen

Kriminalroman

Knaur®

Der tote Mann lag im grell-kalten Halogenlicht der Scheinwerfer meines Golfs. Schreck und Entsetzen ließen mich erstarren, machten meinen Mund trocken. Dann packte mich die Panik. Ich wollte den Rückwärtsgang einlegen, zurückstoßen, wenden, abhauen. Doch langsam bekam ich mich unter Kontrolle. Meine Hände hielten das Steuerrad umspannt. Die Knöchel waren weiß. Ich atmete tief durch. Mein Atem war eine weißgraue Wolke, die die Frontscheibe des Golfs beschlug. Ich löste die Hände vom Steuerrad, fingerte Zigaretten und Feuerzeug aus den Taschen und steckte mir eine an. Dann stellte ich den Motor ab und schob mich aus dem Wagen. Ein paar Schritte, dann stand ich vor der Brandmauer einer alten Mietskaserne, die eine Begrenzung des Parkplatzes bildete. Vor mir lag das leblose Bündel, das vor Stunden noch ein lebendiger, ein atmender, ein fühlender Mensch gewesen war. Das scharfe Licht der Scheinwerfer leuchtete jede Einzelheit in grausiger Klarheit aus. Der alte Mann lag auf dem Rücken, mit der linken Schulter an die Mauer gedrückt. Sein Schädel war zertrümmert. Aus einer riesigen, breit klaffenden Wunde über der linken Schläfe war viel Blut geflossen und eine gelblich-graue Masse ausgetreten, die auf der Stirn und am kahlen Kopf festgefroren war. Winzige Eiskristalle glitzerten im grellen Licht. Der zahnlose Mund des Toten stand offen. Die mit weißen Bartstoppeln bedeckten Wangen waren eingefallen. Nase und Kinn stachen spitz hervor. Die Augen waren weit aufgerissen, aber so stumpf und leblos wie die Köpfe von Metallnieten.
Ein lose gebundener schwarzer Wollschal umschlang den faltigen Hals. Aus den Ärmeln des altmodisch geschnittenen, jedoch gut erhaltenen Wintermantels ragten kräftige Hände mit knotigen Fingergelenken. Die Fingernägel waren gepflegt und sauber. Die Beine steckten in grauen Hosen mit scharfen Bügelfalten. Die pelzgefütterten Stiefel waren abgetragen, aber blitzsauber. Ich löste meinen Blick von der Leiche, nahm einen tiefen Zug aus meiner Zigarette und versuchte, der Panik Herr zu werden, die mich erneut packte. Kälteschauer schüttelten mich. Wie gehetzt blickte ich mich auf dem Parkplatz um, als sei ich am Tod des alten Mannes schuld. Außer meinem Golf waren noch drei andere Autos abgestellt. Konturlose dunkle Hügel in der Dunkelheit, die nur durch das von der Straße einfallende Licht unterbrochen wurde. Der Parkplatz befand sich etwa vierhundert Meter südlich des Münchner Hauptbahnhofs in der Senefelderstraße hinter einem Sexkino. Es war Samstag, der 15. Januar, 4 Uhr 15 morgens.
Ich fror entsetzlich.

Ich schlug den Kragen meines Mantels hoch und stolperte, steif vor Kälte, die paar Meter zurück zu meinem Golf. Ich löschte die Scheinwerfer und verschloß die Tür. Ich blickte noch einmal um mich. Keine Menschenseele war zu sehen. Von weither hörte ich hin und wieder das Geräusch sirrender Winterreifen auf dem Asphalt. Es war jene Stunde, in der die Nachtschwärmer schon im Schlaf lagen, die Frühaufsteher noch in ihren Betten waren. Es war die Stunde, in der es in Großstädten am stillsten ist. Mehr rennend als eilend verließ ich den Parkplatz und wandte mich nach links zur Bayerstraße. Von einer Telefonzelle aus rief ich die Funkstreife. Nachdem ich dem diensthabenden Beamten von meinem grausigen Fund berichtet hatte, mußte ich noch Namen, Adresse und meinen derzeitigen Standort nennen. Danach hieß mich der Beamte, zu meinem Wagen zurückzukehren und mich dort der Polizei zur Verfügung zu halten.

Ich war gerade zu meinem Golf zurückgekehrt und zündete mir eine neue Zigarette an, als auch schon ein grün-weißer BMW mit eingeschaltetem Blaulicht in die Einfahrt des Parkplatzes bog. Mit einem scharfen, knirschenden Geräusch der Pneus auf dem hartgefrorenen Kiesboden kam der Funkstreifenwagen neben meinem Golf zum Stehen. Die Türen flogen gleichzeitig auf. Zwei große, kräftige Polizisten in Lederjacken, die 9-mm-Heckler & Koch in offenen Halftern an der Hüfte, sprangen aus dem BMW. Einer wandte sich dem Toten zu, der nun von den Scheinwerfern des Funkstreifenwagens angestrahlt wurde. Der andere kam auf mich zu, die Hand auf dem Kolben seiner Pistole. Ich stand mit hängenden Armen neben dem Golf, bemüht, keine Bewegung zu machen, die hätte mißdeutet werden können. Seit den jüngsten Morden der Terroristen und den wilden Schießereien, die sie ihren Verfolgern lieferten, waren die Polizisten schnell mit dem Schießeisen bei der Hand.
»Umdrehen, Beine spreizen, und die Hände aufs Autodach«, stieß der Funkstreifenmann hervor.
Langsam drehte ich mich mit dem Gesicht zum Golf und legte die Hände auf das Dach. Ich trug keine Handschuhe. Ich hatte das Gefühl, meine Handflächen würden an dem eisigen Blech kleben bleiben. Hinter mir knirschte der Kies. Dann spürte ich, wie flinke Hände meinen Körper kundig abtasteten.
»Der ist sauber«, sagte der Polizist, der mich abgetastet hatte. »Bitte drehen Sie sich um und geben Sie uns Ihren Führerschein und Ihren Ausweis.«
Ich wandte mich wieder den beiden Funkstreifenbeamten zu und zog meine Brieftasche hervor.

»Personalausweis oder Paß habe ich nicht bei mir. Nur den Führerschein und meinen Presseausweis«, sagte ich.
»Gut, geben Sie her.«
Ich reichte dem anderen Polizisten, der bis dahin den Toten betrachtet hatte, die Papiere. Er hielt sie ins Scheinwerferlicht des BMW, zog sie aus der Klarsichthülle, faltete sie auf und prüfte jede Seite genau. Der Funkstreifenmann, der mich durchsucht hatte, wandte sich jetzt von dem toten alten Mann ab und gesellte sich wieder zu seinem Kollegen. Dieser reichte mir meine Papiere zurück. Ich verstaute sie wieder in der Brieftasche. »Bei welcher Zeitung sind Sie?« fragte er mich.
»Bei keiner mehr«, antwortete ich, »ich bin jetzt Pressesprecher einer Versicherungsgesellschaft.«
»Ah ja«, sagte der Polizist und blickte seinen Kollegen an.
»Ich glaube, dies ist ein Fall für die Mordkommission, für Kriminalrat Kupfer. Ruf die mal her.«
Und zu mir gewandt sagte er: »Sie müssen noch hierbleiben.«
»Hoffentlich nicht zu lange, sonst friere ich mir etwas ab.«
»Kann ich verstehen«, sagte der Polizist, indem er seine Blicke über meinen dünnen Smoking und den leichten Tuchmantel wandern ließ.
»Kommen Sie, setzen Sie sich in unseren Wagen. Die Heizung funktioniert ausnahmsweise.«
Ich sagte danke und schob mich auf den Rücksitz des Funkstreifenwagens. Ich wollte eine Zigarette rauchen. Doch meinen frostklammen Händen gelang es nicht, das Feuerzeug zu entzünden. Ich rieb die Handflächen so lange aneinander, bis die Froststarre verschwand und ich die Finger einigermaßen bewegen konnte. Ich holte noch einmal Zigaretten und Feuerzeug aus der Tasche und versuchte einen neuen Anlauf. Diesmal schaffte ich es. Tief in den Sitz gerutscht, den Kopf ans Rückenpolster gelehnt, sog ich den Rauch in die Lungen. Er brannte durch meinen trockenen Mund und meinen rauhen Hals. Ich hatte in den vergangenen acht Stunden auf dem Faschingsball der Münchner Presse zuviel getrunken und zuviel geraucht. Der Schock und die Spannung der letzten halben Stunde taten ein übriges. Meine Magennerven rebellierten. Gallenbitter stieg es mir die Kehle hoch. Ich stieß die Autotür auf und rannte zur Hausmauer, wo ich mich würgend und keuchend übergab. Kalter Schweiß stand mir auf der Stirn. Mit dem Taschentuch wischte ich mir den Mund ab. Mir war sterbensübel. Ich war hundemüde, ausgebrannt und fühlte mich eine Million Jahre alt. Ich wankte zu meinem Golf und holte mir aus dem Handschuhfach einen Kaugummi. Der scharfe Pfeffer-

minzgeschmack verdrängte eine Spur der galligen Übelkeit. Die beiden Funkstreifenbeamten lehnten mit verschränkten Armen an ihrem Fahrzeug und blickten mich unverwandt an. Ich bildete mir ein, sie im Zwielicht spöttisch grinsen zu sehen.

Und dann endlich kamen sie, die Wagen der Mordkommission. Ein Audi 80 und zwei VW-Busse, die das technische Gerät transportierten. Die Autos kamen neben dem Funkstreifenwagen zum Stehen. Türen schlugen, Männerstimmen erklangen. Dem Audi entstieg eine untersetzte Gestalt und ging auf die beiden Funkstreifenbeamten zu. Als sie ins Licht der Scheinwerfer trat, erkannte ich den Mann. Es war Kriminalobermeister Bachmaier. Rechte Hand und Mädchen für alles von Kriminalrat Kupfer, dem Leiter von MK1, der Münchner Mordkommission. Bachmaier war ein mittelgroßer, kräftiger Sportsmann, Anfang der Dreißig, mit – für Kupfers Geschmack viel zu langen – dunkelbraunen Haaren. Seine braunen Augen blickten immer etwas spöttisch und um seinen Mund spielte meistens ein unbekümmertes Grinsen. Dies alles und seine träge wirkenden, lässigen Bewegungen verdeckten die Tatsache, daß Bachmaier ein harter, schnell zupackender Kriminalbeamter war, der seinen Beruf ernst nahm wie selten einer. Er war einer der besten Schützen der bayerischen Polizei, und im vergangenen Jahr war er bei den Judomeisterschaften der deutschen Polizei in seiner Gewichtsklasse Zweiter geworden. Nachdem einer der beiden Funkstreifenbeamten mit einer Kopfbewegung auf mich gewiesen hatte, kam Bachmaier auf mich zu. Er war diesmal ein sehr müder und abgekämpfter Polizist, der mir seine Rechte zum Gruß entgegenstreckte. Bachmaier trug feste Winterstiefel, dunkle Cordsamthosen, einen hellen Rollkragenpullover, darüber einen pelzgefütterten Ledermantel. Seine Augen waren trüb vor Erschöpfung, auf seinen Wangen bildeten Bartstoppeln dunkle Schatten.
»Wenn das nicht mein alter Freund Klaus Lambert ist«, sagte er und versuchte, seiner Stimme einen munteren Klang zu geben.
»Er ist es, lieber Bachmaier«, sagte ich heiser, »aber in einer Verfassung, in der ich gar nicht soviel kotzen kann, wie ich möchte. Ich habe nur einen Wunsch, so schnell wie möglich von hier weg in eine warme Stube zu kommen.«
»Können Sie gleich haben. Wir müssen nämlich Ihre Aussage zu Protokoll nehmen. Das machen wir am besten im Präsidium. Ich muß jedoch erst hier noch einige Dinge klären.«
Mit diesen Worten wandte er sich den Männern zu, die inzwischen emsig

dabei waren, das zu tun, was sie polizeiliche Alltagsarbeit zu nennen pflegen. Scheinwerfer wurden aufgestellt, kleine Blechtafeln mit Nummern ausgelegt; Blitzlichter zuckten, Entfernungen wurden gemessen, Skizzen des Fundorts der Leiche angefertigt. Der diensthabende Arzt arbeitete über die Leiche des alten Mannes gebeugt. Und da kamen auch schon Klaus Lembke, Dieter Meinhardt und Hannes Berger, Polizeireporter der drei Münchner Boulevardzeitungen, der *Abendzeitung*, der *tz* und der *Bildzeitung*, auf Bachmaier zu. Der jedoch machte eine abwehrende Handbewegung und winkte gleichzeitig einen älteren, bedächtig wirkenden Beamten zu sich heran. Er gab ihm ein paar Anweisungen und übertrug ihm die Aufsicht. Die Zielstrebigkeit, mit der die Beamten ihre Arbeit verrichteten, zeigte, daß es sich um ein erfahrenes, routiniertes Team handelte.
Bachmaier hakte mich unter und zog mich zu dem Audi.
»Also, dann fahren wir jetzt ins Präsidium und nehmen Ihre Aussage zu Protokoll.«
»Meinetwegen«, sagte ich müde und ließ mich in den Beifahrersitz des Audi sinken. Ich holte die Zigaretten hervor und hielt Bachmaier das Päckchen hin. Er nahm sich eine und steckte sie mit dem Zigarrenanzünder des Autos in Brand. Er behielt die Zigarette im Mund, beide Hände am Steuerrad.
Er sog den Rauch tief in die Lungen und stieß ihn in langen Fahnen durch die Nasenlöcher wieder aus. Auch ich rauchte schweigend und dachte über meine miese Situation nach. Da saß ich wieder einmal in einem Wagen der Mordkommission auf dem Weg ins Polizeipräsidium. Bisher hatte ich es zweimal mit Bachmaier und seinem Chef, Kriminalrat Kupfer, zu tun gehabt. Das erste Mal, als ich durch schieren Zufall auf die Spur einer Falschmünzerbande geriet; zum zweiten Mal, als Oberstaatsanwalt Schäffler, der Vater meiner Freundin Gaby, in eine üble Erpressergeschichte hineingezogen worden war. Gaby und ich hatten damals die Angelegenheit aus der Welt schaffen können, und zwar so, wie es die Polizei nie vermocht hätte. Gaby und ich hatten uns damals die Hände schmutzig gemacht. Aber ihrem Vater war geholfen worden. Obwohl wir vom Typ her ziemlich verschieden waren, verstanden Bachmaier und ich uns ausgezeichnet. Wenn man unter Freundschaft nur versteht, daß man sich halbwegs kennt und viele Liter Bier gemeinsam getrunken hat, hätte man sogar sagen können, wir seien befreundet. Bachmaier war ein harter Kriminalbeamter, der seinem Beruf mit Leidenschaft nachging. Ich, Klaus Lambert, war Journalist, derzeit Pressesprecher einer großen Versiche-

rungsgruppe. Über dem Durchschnitt groß, Normalgewicht, normaler Haarschnitt, Schnurrbart. Weder besonders stark noch besonders mutig, nicht allzuviel Ehrgeiz. Eher bequem als sportlich, üppigen Mahlzeiten nicht abgeneigt. Bier-, Gin- und Whiskytrinker. Doch wenn mir jemand auf die Füße trat, dann trat ich kräftig zurück. Im Augenblick jedoch befand ich mich wieder einmal in einer typischen Klaus-Lambert-Situation. Anstatt, wie jeder andere nach dem Presseball, voll des süßen Weines, nach Hause zu gehen und nach einem Schlummertrunk in die Federn zu kriechen, mußte ich über einen toten alten Mann stolpern, mich in einer bitterkalten Januarnacht auf einem Parkplatz halb zu Tode frieren und zur Aufnahme eines Protokolls ins Polizeipräsidium fahren, statt zu frühstücken. »Ein Scheißspiel«, sagte ich halblaut.

»Endstation, alles aussteigen«, sagte Bachmaier, nachdem er den Audi im Hof des Polizeipräsidiums zum Stehen gebracht hatte. Wir betraten die Zentrale der Münchner Polizei und schritten durch endlose Korridore, vorbei an vielen Türen, hinter denen Schreibmaschinen klapperten, Fernschreiber tickten, Telefone schrillten. Über die Hausrufanlage wurden fortwährend Beamte gesucht, die zu Vernehmungen, Protokollaufnahmen, Zeugenaussagen und ähnlichem gebraucht wurden. Da stießen zwei Funkstreifenbeamte einen blutenden, verdreckten Penner vor sich her; da führten Beamte in Zivil einen gutgekleideten jungen Mann an uns vorbei, dem die Hände mit Handschellen auf dem Rücken gefesselt waren; da schleiften Beamte zwei langhaarige, in schmuddelige Zottelpelze gekleidete Typen aus einem Vernehmungsraum; keifende Huren, betrunkene Randalierer, jugendliche Schläger, Rocker-Punks, verschlagene Ganeffs, windige Hehler. Eine laute, sehr betrunkene, maskierte Faschingsgesellschaft bildete eine Ausnahme in dem Bodensatz einer Großstadt, den wir auf dem Weg zu Bachmaiers Dienstzimmer passierten.

»Normaler Samstagmorgen-Verkehr«, sagte Bachmaier lakonisch, als wir sein Zimmer betraten.

»Na, dann möchte ich aber nicht hier sein, wenn Stoßverkehr herrscht«, antwortete ich.

Bachmaiers Dienstzimmer entsprach haargenau dem Klischee einer typisch deutschen Beamtenstube. Ehemals weiße Wände, abgetretener Parkettboden, unter dem alten, zerschrammten Schreibtisch ein abgetretener Sisalteppich. Bachmaier deutete auf einen einfachen Holzstuhl mit Armlehnen, der seinem Schreibtisch gegenüberstand. Ich zog den Mantel

aus, hängte ihn an den Kleiderhaken an der Tür, setzte mich in den harten Stuhl und schlug die Beine bequem übereinander. Bachmaier schälte sich aus seinem Pelz, hängte ihn ebenfalls an den Kleiderhaken.
»Einen Augenblick«, sagte er und verschwand. Ich rieb mir die Hände. Langsam tauten meine Finger wieder auf. Ich zündete mir eine Zigarette an. Kaum hatte ich ein paar Züge getan, da kam Bachmaier zurück. In jeder Hand trug er einen großen Plastikbecher mit dampfend heißem Kaffee. Aromatischer Geruch zog in den Raum. Bachmaier stellte die beiden Becher auf dem Schreibtisch ab.
»Gegen die Dienstvorschrift, aber ich brauch das jetzt«, sagte er, indem er aus der untersten Lade des Schreibtisches eine Flasche Hennessy hervorholte. Er entkorkte sie und goß einen tüchtigen Schuß in seinen Kaffee.
»Sie auch?« fragte er.
Ich nickte, und Bachmaier möbelte auch meinen Kaffee mit dem Hennessy auf. Ein kräftiger Cognacduft vermischte sich mit dem Aroma des Kaffees. Schweigend tranken wir große Schlucke. Dann blickte ich auf die Uhr. Fünf Uhr dreißig. Bachmaier gähnte ungeniert, holte einige Formulare, ein paar Blatt Kohlepapier aus den Tiefen seines Schreibtisches, legte die Blätter sorgfältig aufeinander und spannte sie in eine Schreibmaschine älterer Bauart, die auf einem niedrigen Tischchen neben dem Arbeitstisch stand.
»Alsdann, packen wir's«, sagte er und begann zu tippen. Mit vier Fingern zwar nur, aber nicht ungeschickt und auch nicht langsam.
»Name... Klaus Lambert«, murmelte er.
»Geboren?«
»17. Dezember 1943 in München«, sagte ich.
»Beruf... Journalist«, murmelte er emsig tippend.
»Adresse, privat und die des Arbeitgebers.«
Ich nannte ihm die Nummer des Appartementhauses, genannt der »Fuchsbau«, in der Ungererstraße in Schwabing, sowie den Namen der Versicherungsgesellschaft, deren Pressesprecher ich war. Dazu die genaue Anschrift der Versicherung in der Leopoldstraße.
Bachmaier blickte von der Schreibmaschine hoch.
»Ich dachte, Sie wohnen draußen in Freimann bei Ihrer Freundin?«
»Teils, teils«, antwortete ich. »Obwohl Gaby und ich das praktizieren, was man gemeinhin Zusammenleben nennt, habe ich es doch vorgezogen, meine Wohnung zu behalten. Mein Hauptwohnsitz ist also immer noch im Fuchsbau.«
»Ah, so ist das«, sagte Bachmaier wenig interessiert. »Aber nun zum

Text. Erzählen Sie der Reihe nach, was Sie heute nacht getan haben, woher Sie kamen und so weiter.«
Ich zündete mir eine frische Zigarette an, nahm noch einen kräftigen Schluck von dem mit Cognac getauften Kaffee und begann zu erzählen.
»Der Besuch des alljährlichen Presseballs im Deutschen Theater ist für mich mehr oder weniger eine Pflichtübung auf Firmenkosten. Ich traf dort gestern gegen halb neun abends mit Gaby ein, nachdem wir den Golf auf dem Parkplatz hinter dem Sexkino in der Senefelderstraße abgestellt hatten.«
»Warum sind Sie dann jetzt allein?« unterbrach mich Bachmaier.
»Sie wissen doch, daß Gaby im Sommer vergangenen Jahres eine Praxis als Kinderärztin eröffnet hat, nachdem sie ihre fachärztliche Ausbildung im Schwabinger Kinderkrankenhaus abgeschlossen hatte. Und weil sie heute vormittag eine Patientin besuchen muß, verließ sie das Deutsche Theater kurz nach Mitternacht und fuhr mit dem Taxi nach Hause. Zwei Kollegen vom *Handelsblatt* und der *Süddeutschen Zeitung* können das bestätigen.«
Bachmaier tippte diesen Satz zu Ende und sagte: »Akzeptiert. Und was taten Sie, nachdem Fräulein Dr. Schäffler gegangen war?«
»Ich schlenderte durch die Räume, trank im Weißwurstkeller eine Halbe Bier und blieb dann bei einer Clique Wirtschaftskorrespondenten an der Bar hängen. Es wurde dort ziemlich oft Prost gesagt. Kurz vor vier hatte ich genug. Ich verließ das Deutsche Theater und ging hinüber zum Parkplatz...«
»...in der Absicht, sich ganz schön alkoholisiert hinters Steuer zu setzen?«
»Genau«, sagte ich grinsend, »aber erzählen Sie es nicht weiter.« Bachmaier grinste zurück.
»Dort angekommen«, fuhr ich fort, »schloß ich dann meinen Wagen auf, ließ den Motor an und schaltete die Scheinwerfer ein. Dann sah ich den toten alten Mann liegen. Nachdem ich mich vom ersten Schreck erholt hatte, rannte ich zur Bayerstraße und rief von einer Telefonzelle aus die Funkstreife. Alles andere wissen Sie ja selbst.«
»Mager, saumager«, murmelte Bachmaier halblaut und zog die beschriebenen Blätter aus der Schreibmaschine. Mit den Worten »Scheißpapierkram« schob er sie über den Tisch und bedeutete mir, sie durchzulesen und zu unterschreiben. Ich war gerade dabei, meine Unterschrift unter die dritte Kopie des Protokolls zu setzen, als die Tür aufsprang und ein langer, schlaksiger Polizist ins Zimmer stürmte. Er warf sich mit den Wor-

ten »Mensch, bin ich kaputt« auf einen Stuhl. Dann schnupperte er. »Prima! Kaffee mit Cognac. Genau das, was ich jetzt brauche.« Damit schnappte sich der Lange Bachmaiers Becher und trank ihn leer. Mit einem lauten »aah« knallte er ihn auf den Schreibtisch zurück.

Bachmaier wirkte nicht im geringsten überrascht über das seltsame Benehmen seines Kollegen. »Machen Sie sich nichts draus«, sagte er zu mir, »mein Freund und Kollege Lechner kommt, wenn Zeit dazu da ist, vor Dienstschluß immer zu mir auf einen Schluck und einen Plausch.«

»Ich hörte, ihr habt wieder einen Mordfall am Hals?« fragte er.

»Genau«, sagte Bachmaier.

»Ist das vielleicht der Knabe, der den Toten gefunden hat?« fragte Lechner mit einem Seitenblick auf mich, um mich dann direkt anzusprechen: »Waren Sie vielleicht auch auf einem Faschingsball?«

»Ja, auf dem Presseball im Deutschen Theater. Und Sie?« fragte ich zurück.

»Ja, ich war auch auf einem Faschingsball«, sagte Lechner, »aber nicht aus Spaß an der Freud, sondern ich wurde dienstlich gerufen. Mensch, die Geschichte müßt ihr euch anhören.«

Bachmaier blickte auf die Uhr. »Muß das jetzt sein?« fragte er und gähnte.

»Unbedingt«, sagte Lechner, »diese irre Story muß ich einfach gleich loswerden.«

»In Gottes Namen«, seufzte Bachmaier.

Auch ich stieß die Luft mit einem Seufzer aus und gähnte.

»Also«, begann Lechner, »da fand draußen in Haidhausen in einem Bierkeller ein Maskenball statt. Ganz Jung-Haidhausen gab sich ein Stelldichein. Maskiert natürlich. Und draußen in den Vorstädten ist für Männer der Cowboy immer noch die beliebteste Maskerade. Unter diesen Asphalt-Cowboys waren auch ein Buchhalter und ein technischer Zeichner. Beide bisher unbescholtene junge Männer mit einem stinknormalen Lebenswandel. Doch je später der Abend wurde und je mehr Alkohol die beiden tranken, um so mehr rutschten sie in die Cowboy-Rolle hinein. Als sie an der Bar zufällig zusammentrafen, weitertranken und dann wegen eines Mädchens in Streit gerieten, hatten sie sich schon so mit ihrer Maskerade identifiziert, daß sie nicht mehr nur Cowboykostümierung trugen, sondern bereits Cowboys waren. Dementsprechend endete auch der Streit. Als wir eintrafen, war der ganze Saal in Panik und die beiden lagen hinter umgestürzten Tischen und lieferten sich ein Feuergefecht mit den Revolvern, die sie zu ihrer Maskerade trugen. Die waren die

einzigen echten Requisiten der Maskerade. Ein 45er Navy Colt und eine 38er Police Special. Woher die Typen nur diese schwere Artillerie hatten? Jetzt liegen beide, der eine mit einem zerfetzten Ohr und der andere mit einem faustgroßen Loch in der Schulter, friedlich nebeneinander in einer Unfallklinik. Sagenhaft, nicht wahr?«
Lechner räkelte seine lange Gestalt aus dem Stuhl hoch, verließ mit einem lauten »Servus beieinander« das Zimmer und knallte die Tür hinter sich zu.
»Polizeialltag«, sagte Bachmaier und erhob sich ebenfalls.
»Ich mache jetzt auch Schluß. Gehen wir, ich bringe Sie zu Ihrem Wagen.«
Wir fuhren hinunter in die Tiefgarage des Polizeipräsidiums, wo Bachmaier seinen Privatwagen, einen Peugeot 204, geparkt hatte. Schweigend fuhren wir durch die erwachende Innenstadt zum Parkplatz, auf dem mein Golf stand. Bachmaier stoppte den Peugeot neben meinem Wagen und streckte mir seine Rechte entgegen.
»Servus, auf bald.«
»Servus, auf bald«, sagte ich, »ich rufe Sie am Montag an. Sie erzählen dann, wie die Ermittlungen stehen, okay?«
»Wenn's sein muß«, erwiderte Bachmaier müde.
Ich stieg aus und setzte mich in meinen Golf. Ich drehte den Rückspiegel so, daß ich mein Gesicht betrachten konnte. Ich war leichenblaß und hatte tiefe, dunkle Ringe unter den Augen. Die Haare klebten fettig an den Schläfen, schwarze Bartstoppeln an Kinn und Wangen vervollständigten den miesen Anblick. Hemd, Fliege und Smoking waren zerknittert und wirkten schmuddelig. Ich sah zum Kotzen aus. Angewidert startete ich den Golf und schaltete die Scheinwerfer ein. Der Parkplatz war nach wie vor fast leer. Dort, wo der Tote gelegen hatte, waren nur noch die Kreidepulverspuren zu sehen, mit denen die Polizei seine Lage markiert hatte. Durch den noch stockfinsteren und eisigkalten Samstagmorgen fuhr ich nach Hause.

In meiner Wohnung riß ich mir die Kleider vom Leib und stieg unter die Dusche. Ich seifte mich von Kopf bis Fuß mit flockigem Schaum ein und ließ dann große Mengen heißen Wassers auf mich herabprasseln. Danach frottierte ich mich ab, bis mein Körper krebsrot war. Ich fühlte mich immer noch wie durch den Fleischwolf gedreht, doch das klebrige Gefühl der Unsauberkeit, des sauer riechenden Schweißes, der Panik, der Angst, der Übelkeit, war einer wohlriechenden Sauberkeit gewichen. Es war acht Uhr, als ich endlich einschlief.

Nach sechs Stunden unruhigen, flachen Schlafes, in dem ich von alten, kahlköpfigen Männern mit geplatzten Schädeln träumte, erwachte ich schweißgebadet und mit jagendem Puls. Ich atmete tief ein und versuchte zurückzufinden in die Wirklichkeit. Hatte ich einen toten alten Mann im Scheinwerferlicht meines Golfs entdeckt? Hatte ich mehr als zwei Stunden im Polizeipräsidium verbracht? Was war Traum? Was war Wirklichkeit? Eine Welle der Übelkeit flutete über mich. Diese den Körper schüttelnde Woge, die mich an den Rand des Erbrechens brachte, warf mich brutal zurück in die Wirklichkeit. Erschöpft und keuchend atmend blieb ich noch eine Weile im Bett liegen und versuchte, mich wieder unter Kontrolle zu bringen. Die gallenbittere Übelkeit wich langsam einem riesigen Kater. Ich schälte mich aus der Bettdecke und schlurfte ins Badezimmer. Eine erneute Dusche wusch den Schweiß des alptraumhaften Schlafes von meinem Körper. Das einzige, was mich jetzt wieder auf die Beine bringen würde, war ein »Klaus-Lambert-Spezial-Katerkiller«. Ich holte eine große Dose Tomatensaft aus dem Eisschrank, öffnete sie und goß ihren Inhalt in ein Glas. Ich quirlte drei Eidotter in den Tomatenjuice und schmeckte mit einer kräftigen Prise Cayennepfeffer ab. Ein großzügig bemessener Schuß Wodka sowie Worcestersoße rundeten das Gebräu ab. Ich setzte mich im Wohnzimmer auf die Couch und trank den Katerkiller in vorsichtigen, kleinen Schlucken. Die ersten Schlucke plumpsten zwar wie Bleiklumpen in meinen Magen und lösten dort mittlere Explosionen aus. Doch schon bald schwand die Übelkeit, der dumpfe Druck auf Kopf und Magen ließ nach und machte einem leichten Gefühl des Sattseins und des Behagens Platz. Nun war ich in der Verfassung, in der ich eine Rasur unbeschadet überstehen konnte. Nachdem ich mir das Gesicht mit einem scharfen Rasierwasser abgerieben hatte, zog ich blaue Cordsamtjeans, ein buntkariertes Button-down-Hemd und einen ärmellosen Pullover an. Dunkelbraune Clarks und eine kurze Pelzjacke vervollständigten meinen Aufzug. Als ich vor dem Spiegel in der Diele stand, fand ich, daß die bleiche und zerknitterte Smoking-Type von heute morgen einem durchaus ansehnlichen jungen Mann gewichen war. Ich fuhr mit dem Fahrstuhl hinunter in die Tiefgarage, setzte mich in den Golf und fuhr hinaus nach Freimann zu Gaby.

Meine Freundin Gaby, Fräulein Doktor Gabriele Schäffler, bewohnt im alten Teil von Freimann, dort, wo der Englische Garten in die Isar-Auen übergeht, eine jener herrlichen alten Villen, wie sie kurz vor dem Ersten

Weltkrieg gebaut wurden. Sie bewohnte dieses Haus allein, seit ihr Vater, ein ehemaliger Oberstaatsanwalt, nach der häßlichen Erpressergeschichte den Dienst quittiert und sich in seine Eigentumswohnung am Tegernsee zurückgezogen hatte. Gaby hatte sich im Erdgeschoß ihre Praxis eingerichtet, der erste Stock war unser privater Bereich. Gaby ist Anfang dreißig, fast so groß wie ich, schlank, ohne jedoch zierlich zu sein. Lange, blonde Haare, die ein schmales Gesicht mit hoher Stirn umrahmen, fallen ihr weich auf die Schultern. Ihre ungezwungene, sehr weibliche Art, sich zu bewegen, läßt die wundervollen Rundungen ihres Körpers in immer neuen, immer aufs neue erregenden Formen erscheinen. Ihr natürliches, frisches und unkompliziertes Wesen hatte ihr in den wenigen Monaten, in denen sie ihre Kinderarztpraxis betrieb, einen Ansturm von Patienten eingebracht. Ich bin sicher, daß die meisten ihrer kleinen männlichen Patienten verliebt in sie sind.

»Hallo Klaus!« rief Gaby, als ich das Haus betrat.

»Hallo Liebes«, antwortete ich und stieg die mit alten Teppichen belegte Treppe hinauf in den ersten Stock. Ich trat in das helle, vorwiegend mit alten Möbeln ausgestattete Zimmer. Mit glücklicher Hand hatte hier eine Frau alte und moderne Wohnelemente gemischt und mit beigen und dunkelblauen Vorhängen, Teppichen, Polstern und Kissen einen Raum geschaffen, der Weiblichkeit, Ruhe und Geborgenheit ausstrahlte. Gaby saß lesend auf der cremefarbenen Couch. Sie erhob sich, als ich ins Zimmer trat, und kam auf mich zu. Sie legte beide Arme um meinen Hals und drängte ihren Körper an mich. Ich küßte ihren Mund, ihre Wangen, ihren Hals. Gaby schob mich von sich. Goldene Lichter funkelten in ihren blauen Augen. Große Zärtlichkeit kam über mich. Ich glitt auf die Couch und zog Gaby auf meinen Schoß. Engumschlungen, ohne ein Wort zu sprechen, saßen wir eine ganze Weile. Dann machte sich Gaby aus meiner Umarmung frei und stand auf.

»Tee?« fragte sie mich.

»Gerne, Liebes.«

Gaby ging in die Küche und kam gleich darauf mit einem Tablett zurück, auf dem Teekanne, Tassen, Untertassen, Zuckerdose und eine Flasche Bacardi standen. Gaby goß den Tee ein. Ich gab Zucker und einen kräftigen Schuß Rum in die Tassen. Schweigend tranken wir das aromatische, schwer duftende Getränk.

»Hast du irgend etwas, Klaus? Ist was nicht in Ordnung?« fragte Gaby. »Ich habe den Eindruck, daß der Presseball nicht so zu Ende gegangen ist, wie du dir das vorgestellt hast.«

»Na ja«, begann ich, »nachdem du nach Hause gefahren bist, habe ich noch ein paar Pflichttänze absolviert und mich dann in die bekannte, trinkfeste Korrespondentenrunde zurückgezogen. Du kennst die Typen ja. Nüchtern kommt man aus dieser Runde nicht davon.«

»Ich ahne Schreckliches«, stieß Gaby theatralisch hervor und der Schalk blitzte aus ihren Augen, »hat man dem großen Pressechef vielleicht den Führerschein weggenommen?«

»Nein, das nicht, sonst stünde der Golf ja nicht vor dem Haus.«

»Was dann?« bohrte Gaby weiter. Ich steckte zwei Zigaretten an, reichte eine davon Gaby und begann, minuziös und präzise, kein Detail auslassend, zu erzählen, was ich von dem Zeitpunkt an erlebt hatte, als ich den toten alten Mann vor den Scheinwerfern meines Golfs liegen sah. Gabys Miene zeigte zuerst blankes Entsetzen, im Laufe meines Berichts dann nur noch Mitgefühl. Als ich geendet hatte, erhob ich mich von der Couch, ging zur Anrichte, auf der die harten Getränke und Gläser standen. Ich goß mir drei Fingerbreit Scotch in ein Wasserglas und kippte den Drink auf einen Zug. Gaby blickte mich entgeistert an und hob die rechte Augenbraue.

»Ich weiß, ich weiß, ich trinke zuviel, aber ich fühle mich einfach saumäßig«, brummte ich.

»Ich kann verstehen, daß dir die Sache an die Nieren geht«, sagte Gaby, »aber ist das ein Grund, Whisky wie Wasser zu trinken?«

»Bitte, laß uns nicht streiten«, sagte ich. Da erhob sich auch Gaby und goß sich einen Scotch ein, von dem sie, wie um mir zu zeigen, wie man Scotch trinkt, in kleinen Schlucken nippte.

»Take it easy, Klaus«, sagte Gaby darauf, »für dich ist die ganze Angelegenheit ja nun erledigt, oder?«

»Schau, Gaby«, entgegnete ich ihr, »natürlich ist für mich die ganze Chose zu Ende. Das Protokoll über den Leichenfund ist aufgenommen und unterschrieben; der Fall liegt bei Kupfer und Bachmaier in den besten Händen...«

»... und dort solltest du ihn auch liegen lassen«, unterbrach mich Gaby. »Jedesmal, wenn du versucht hast, mit Kupfer und Bachmaier zu konkurrieren, hast du etwas abbekommen.«

»Hör mal, Liebes, obwohl mich natürlich interessiert, wer der alte Mann war, warum und von wem er umgebracht wurde, verspreche ich dir, die Finger von diesem Fall zu lassen.« Während ich diese Worte sprach, spürte ich das erregende Gefühl eines unbestimmten, kommenden Abenteuers.

»Ich laß die Finger von der Sache«, sagte ich noch einmal.
Gaby sah mir lange in die Augen, und beide wußten wir, daß ich gelogen hatte.
Schweigend brachte Gaby das Teegeschirr in die Küche und wusch es ab. Ich schaute mir im Fernsehen die samstagnachmittägliche Sportschau an. Freute mich, daß der TSV 1860 München gewonnen hatte und ärgerte mich, daß der FC Bayern verloren hatte. Danach aßen wir schweigsam zu Abend, frischen Schinken, Käse und Bauernbrot. Dazu tranken wir Bier. Zum Samstagabendfilm tranken wir noch ein paar Bier und gingen dann zu Bett.
Gaby kuschelte sich eng an mich.
»Bitte, Klaus, laß uns die letzten vierundzwanzig Stunden vergessen. Und morgen gehen wir skilaufen, damit wir auf andere Gedanken kommen, ja?«
»Gern, Liebes. Wie wär's mit Kitzbühel?«
»Prima, Klaus. Und jetzt schlaf gut, Lieber.«
»Schlaf gut, Liebstes.«
Diese Nacht schlief ich ausgezeichnet.

Montag, 17. Januar
Nach einem langen Sonntag voller Wintersonne, Pulverschnee und rasanter Abfahrten saß ich wieder im Büro. Grauer Flanellanzug, blaues Oxfordleinenhemd, blaurotgestreifte Wollkrawatte. Der Alltag hatte mich wieder. Mit einem fröhlichen »Guten Morgen, Herr Lambert« trat meine Sekretärin ins Zimmer und legte mir einen Stoß Zeitungen vom Tage auf den Schreibtisch. Ich suchte mir die zwei Münchner Tageszeitungen und die drei Boulevardblätter heraus. *Abendzeitung, tz* und *Bild* hatten den Mordfall als Aufmacher auf der Titelseite. Die *Süddeutsche Zeitung* und der *Münchner Merkur* berichteten im Lokalteil darüber. Doch aus allen Zeitungen ging das gleiche hervor: Der Tote war der 72 Jahre alte Rentner Erwin Rucker, der seit dem Tod seiner Frau in einem Altenheim in Harlaching wohnte. Es wurde beschrieben, daß ein aus dem Deutschen Theater kommender Besucher des Presseballs, der Journalist Klaus L., den Toten entdeckt und den Fund der Polizei gemeldet hatte. Der Tod, so berichteten die Blätter weiter, sei durch Zertrümmern des Schädels mit einem schweren, scharfkantigen Gegenstand herbeigeführt worden. Der Rentner sei, so gab die Polizei weiter bekannt, nicht am Fundort erschlagen worden, sondern er müsse bereits tot gewesen sein, als man ihn auf den Parkplatz brachte. Die Täter hätten offenbar

einkalkuliert, daß der Tote bald gefunden würde. Daraus schloß die Polizei, die Täter seien sich ihrer Sache sicher und glaubten nicht, entdeckt zu werden. Es lasse sich auch noch kein Motiv für die Tat erkennen. Eine Spur für die weiteren Ermittlungen sei noch nicht auszumachen. In allen fünf Blättern war ein Foto von Erwin Rucker abgedruckt. Die Öffentlichkeit wurde aufgefordert, den Ermittlungsbehörden mitzuteilen, wann, wo und mit wem der Ermordete zuletzt gesehen wurde. Soweit die Berichterstattung in der Presse.
Ich zündete mir eine Zigarette an und blätterte die anderen Zeitungen durch. Doch ich war nicht bei der Sache. Meine Gedanken waren nach wie vor bei dem alten Rentner, für dessen Tod die Polizei keine Erklärung geben konnte. Ich blickte auf die Uhr, halb zehn. Ich beschloß, mich an Ort und Stelle, aus erster Hand, über den Stand der Ermittlungen zu informieren. Von meiner Sekretärin ließ ich mich mit der Mordkommission verbinden und verlangte Kriminalobermeister Bachmaier. Der diensthabende Beamte sagte mir, Bachmaier sei mit dem Chef, also mit Kriminalrat Kupfer, in einer Besprechung. Um zehn Uhr dreißig jedoch solle diese beendet sein. Ich bedankte mich für die Auskunft und legte den Hörer zurück auf die Gabel. Bis halb elf erledigte ich Routinearbeiten und diktierte ein paar Briefe. Dann sagte ich meiner Sekretärin, ich sei bis zum Mittagessen dienstlich außer Haus. Ich wollte Bachmaier gleich persönlich heimsuchen. Die U-Bahn brachte mich aus Schwabing in zehn Minuten zum Marienplatz. Der morgendliche Hochnebel hatte sich aufgelöst. Eine tiefstehende, doch gleißend helle Wintersonne schickte ihre Strahlen über München, als mich die Rolltreppe zum Marienplatz hochtrug. In der Stadt lag kein Schnee, aber die tiefen, fast schon arktischen Temperaturen hatten Fassaden, Geländer, Mauervorsprünge, Schornsteine, Fenstersimse, Brunnenfiguren, Straßenlaternen, Bänke, kahle Bäume, leere Blumenkästen mit einer dicken Reifschicht überzogen, die überall dort, wo sie die Sonne beschien, in Millionen Facetten glitzerte. Die Passanten waren dick in Tuch- und Pelzmäntel vermummt, ihre Köpfe von Hüten, Hauben, Mützen bedeckt, von Schals und Tüchern umschlungen. Der Atem der durch die klirrende Kälte eilenden Menschen verdichtete sich zu weißem Dampf, der den Eindruck entstehen ließ, aus den Nasen und Mündern würde Watte quellen. Ich hastete, die behandschuhten Hände tief in die Manteltaschen versenkt, durch die Fußgängerzone, der guten Stube unserer schönen Münchnerstadt, zum Polizeipräsidium in die Ettstraße. Dem wachhabenden Beamten nannte ich meinen Namen und sagte, daß ich Kriminalobermeister Bachmaier zu sprechen

wünschte. Das gehe in Ordnung, sagte er, ich würde bereits erwartet. Ich wunderte mich. Wieder schritt ich durch hallende, stimmendurchschwirrte Korridore, bis ich vor Bachmaiers Kabäuschen angelangt war. Ohne anzuklopfen trat ich ins Zimmer. Bachmaier kam hinter seinem Schreibtisch hervor und streckte mir seine Rechte entgegen. Ich schüttelte sie kräftig.
»Servus, Lambert«, sagte er, »wir gehen gleich weiter, hinüber zum Chef. Er möchte Sie sprechen.«
Kriminalrat Kupfers Dienstzimmer war durch ein paar Türen von Bachmaiers Raum getrennt. Durch ein karg möbliertes Vorzimmer, in dem zwei Mädchen mittleren Alters emsig tippten, gelangten wir zu Kupfers Amtszimmer. Als wir das Vorzimmer betraten, hoben beide gleichzeitig den Kopf und schauten in unsere Richtung. Die Bewegungen der beiden waren so haargenau dieselben, daß die beiden Mädchen sicher die Weltmeisterschaft im »Synchron-Kopf-Heben-und-Drehen« hätten gewinnen können, würde es eine solche Disziplin geben.
»Gehen Sie bitte ohne anzuklopfen rein, der Chef erwartet Sie beide«, sagte die eine.
»Okay«, sagte Bachmaier.
»Danke«, sagte ich.
Kriminalrat Kupfer, Leiter von MK1, der Mordkommission, war ein großer, hagerer Mann, auf der guten Seite der Fünfziger. Seine mageren hundertsechzig Pfund trug er auf einem Knochengestell von über einsfünfundachtzig. Sein löwengelbes Haar war voll, ein wenig kürzer geschnitten, als es derzeit Mode war. Die Haare an den Schläfen und die Koteletten waren weiß. Sein Gesicht war schmal und knochig. Eine gerade, kräftige Nase stach daraus hervor. Das bemerkenswerteste an Kriminalrat Kupfer waren seine stahlgrauen Augen. Sie blickten immer etwas müde und resigniert, manchmal spöttisch, selten heiter; doch sie konnten kalt und spröde wie Gletschereis und durchdringend wie geschliffene Speerspitzen werden, wenn Kupfer jemand aufs Korn nahm. Es war dann, als dränge Eiseskälte bis in die hintersten Winkel der Seele. Ich hatte dies leider einmal erleben müssen. Kupfer räkelte seine lange Gestalt hinter dem Schreibtisch hoch und reichte mir seine große, knochige Hand zur Begrüßung. Er trug einen mittelbraunen Tweedanzug, dunkelbraune Wildlederschuhe, weißes Leinenhemd und eine moosgrüne Wollkrawatte. Der Mann verstand es, sich anzuziehen. Kupfer war nicht nur ein sehr guter und erfolgreicher, sondern auch ein sehr gut aussehender Polizist.

»Grüß Gott, ihr beiden«, sagte er und deutete auf die beiden Holzstühle, die vor seinem abgestoßenen, auf einem zerschlissenen grünen Sisalteppich stehenden Schreibtisch plaziert waren. Bachmaier und ich nahmen Platz. Auch Kupfer glitt wieder in seinen Sessel. Er drückte einen Knopf der Sprechanlage auf einem Beistelltisch und sagte: »Bitte drei Tassen Kaffee und dann die nächste halbe Stunde Ruhe, auch keine Telefonate.«

Dann bot er Zigaretten an. Als diese brannten, kam eines der beiden Vorzimmermädchen mit einem Tablett herein. Sie stellte vor jeden von uns eine dampfende Steinguttasse. Als das Mädchen die Tür hinter sich zugezogen hatte, lehnte sich Kupfer bequem in seinen Sessel zurück. Die Zigarette hielt er in der für ihn typischen Weise, in der rechten Hand zwischen Mittel- und Ringfinger geklemmt, die Hand fast zur Faust geballt. Während er sprach, stieß die Zigarette immer wieder seinem Gesprächspartner entgegen. So stieß sie auch ständig auf mich zu, als mich Kupfer ansprach.

»Da wird ein erschlagener alter Mann gefunden. Und von wem? Natürlich von unserem alten Freund Klaus Lambert. Nicht wahr, Bachmaier? Und dieser Klaus Lambert scheint mit seiner Arbeit als Pressemann einer Versicherung nicht ganz ausgelastet zu sein. Er findet nämlich immer wieder die Zeit, Amateurdetektiv zu spielen und den Ermittlungsbehörden ins Handwerk zu pfuschen. Sie wissen, Lambert, ich mag das gar nicht. Nicht, weil ich Ihnen den Spaß nicht gönnen würde, sondern weil ich keine Lust habe, einen Mordfall Klaus Lambert zu bearbeiten und mir vorwerfen lassen zu müssen, ich hätte Sie auf dem Gewissen, wenn Sie bei Ihren dilettantischen Detektivspielereien einmal eine übergebraten bekommen. Am Samstag, in aller Herrgottsfrühe, finden Sie einen erschlagenen alten Mann, und am Montag kreuzen Sie hier bei uns auf. Warum wohl? Sie wollen doch nur wissen, wie weit die Ermittlungen gediehen sind, damit Sie wieder Ihr Süppchen auf meinem Feuer kochen können.«

Ich dachte, mich bestrampelt ein Hahn. Sicher, Kupfer hatte nie vor Wonne gejubelt, wenn ich in einem Fall, den er am Kochen hielt, herumrührte. Aber so deutlich war er noch nie geworden. Was war bloß in den gefahren?

»Aber Herr Kupfer«, entgegnete ich trotzdem, »ich will Ihnen doch nicht ins Handwerk pfuschen, sondern lediglich meine journalistische Neugier befriedigen. Im Falle des Oberstaatsanwalts Dr. Schäffler werden Sie mir wohl zugestehen, daß ich persönliche Gründe hatte, die Affäre zu einem

Ende zu bringen. Heute aber bin ich hier, weil ich einfach neugierig bin.«

Bachmaier grinste ungeniert und amüsiert. Kupfer blickte mich ungehalten an und fuhr dann fort: »Neugierde, erlauben Sie, daß ich lache! Was glauben Sie, was wir hier im Präsidium zu tun hätten, wenn wir alle Fälle von journalistischer Neugierde befriedigen wollten? Unsere Pressestelle wäre die größte Abteilung im Hause. Nun aber noch einmal im Ernst: Kümmern Sie sich um Ihre eigenen Angelegenheiten und lassen Sie die Finger von diesem Mordfall. Tun Sie es nicht, wäre ich gezwungen, Ihnen einmal einen Denkzettel zu verpassen. Behinderung der Ermittlungsbehörden oder Beseitigung von Beweismaterial wären sicher gute Anklagepunkte. Meinen Sie nicht auch? Aber trotzdem, dies gilt nur für den dienstlichen Sektor. Privat, als Klaus Lambert, sind Sie dem Heinz Kupfer stets willkommen.«

Damit erhob sich Kupfer, um anzudeuten, daß er die Unterredung als beendet betrachtete. Bachmaier und ich standen ebenfalls auf. Kupfer streckte mir mit ernstem Gesicht seine Rechte zum Gruß entgegen. Ich drückte sie, indem ich sagte: »Ich werde drüber nachdenken. Wiedersehen.« Bachmaier und ich verließen Kupfers Dienstzimmer.

»Puuuh«, sagte ich langgedehnt, »das war allerdings deutlich.«

»Ich, an Ihrer Stelle, würde mich dran halten«, meinte Bachmaier. Vor der Tür zu seinem Zimmer angelangt, schlug er mir mit der Handfläche leicht gegen den linken Oberarm.

»Servus. Trinken wir mal ein Bier zusammen?«

»Gern, aber einen Moment. Haben Sie noch ein paar Minuten für mich Zeit?«

»Großer Gott«, sagte Bachmaier und verdrehte die Augen, »geht das schon wieder los? Meinetwegen, aber machen Sie's kurz. Kupfer frißt mich ohne Kraut, wenn er davon Wind bekommt.« Mit diesen Worten zog er mich in sein Zimmer.

»Was über den Mordfall Rucker in der Presse zu lesen ist, ist das alles, was Sie bisher wissen?« fragte ich direkt und sah, wie Bachmaier vor Staunen den Mund offenstehen ließ.

»Mann, Sie haben vielleicht Nerven. Da verpaßt Ihnen Kupfer eine verbale Abreibung, droht Ihnen an, Sie für eine Weile aus dem Verkehr zu ziehen. Und Sie fragen zwei Minuten später nach dem Stand der Ermittlungen in einem Mordfall. Sie sind vielleicht ein goldiges Kerlchen. Weshalb, glauben Sie, mußte ich wohl bei Ihrer Unterredung mit Kupfer Zeuge sein? Wenn ich Sie nun informiere, bin ich dran. Kupfer bringt es

glatt fertig, mich zur Verkehrspolizei versetzen zu lassen. Und davor behüte mich Gott!«
»Also, wie ist es nun«, drängte ich dennoch, »wissen Sie mehr, als Sie der Presse gesagt haben?«
»Nein«, knurrte Bachmaier, »denn die Leute in dem Altenheim, in dem Rucker lebte, waren verschüchtert, scheu und verschlossen. Aus denen war nichts herauszubringen. Basta!«
Bachmaier schob mich zur Tür. Ich grinste. »Sie haben mir sehr geholfen«, sagte ich und zog die Tür hinter mir zu.
Die U-Bahn brachte mich wieder hinaus nach Schwabing. Mit dem Lift, kurz Kuliheber genannt, fuhr ich hinauf in den vierten Stock. Ich schaute zu meiner Sekretärin ins Zimmer und fragte, ob es was Neues gebe. »Im Westen nichts Neues«, sagte sie. Rauchend saß ich an meinem Schreibtisch und überlegte. Ich war fest entschlossen, trotz Kupfers Warnung, auf eigene Faust Recherchen anzustellen. Im Altenwohnheim wollte ich heute nachmittag beginnen. Was ich heute vormittag zu hören bekommen hatte, nämlich die Warnung von Kupfer, und was ich heute nachmittag in dem Altenwohnheim erfahren würde, wollte ich mit Gaby und Les besprechen. Ich angelte mir das Telefon und rief Gaby an. Ihre Sprechstundenhilfe meldete sich. Ich bat sie, mich mit Gaby zu verbinden.
»Bitte, Klaus, mach's kurz, ich habe das Wartezimmer voller Patienten«, begrüßte mich Gaby.
»Okay, kann deine Haushälterin für heute abend ein Essen vorbereiten?«
»Sicher, warum?«
»Ich werde Neuigkeiten haben, und ich möchte, daß auch Les sie erfährt.«
»O je, daher weht der Wind, wollt ihr wieder gemeinsam auf den Kriegspfad gehen?«
»Wer weiß«, beendete ich eingedenk ihrer Mahnung unser Gespräch. »Also tschüs, Liebes, bis heute abend um sieben.«
»Tschüs, Klaus.«
Ich legte auf und suchte mir die Telefonnummer der amerikanischen Militärpolizei, in deren Kriminalabteilung mein Freund Lester Ransom als Captain seinen Dienst versieht. Les ist ein hochgewachsener, schmaler Neger aus den Südstaaten. Wir hatten uns kennengelernt, als ich meine achtzehn Monate bei der Bundeswehr abdiente. Ich trug als Obergefreiter des Kanzlers grauen Rock ins Manöver nach Grafenwöhr; Les führte damals als Oberfeldwebel den ersten Zug einer Infanteriekompanie. Dann

kam Vietnam. Les wurde dorthin versetzt und kehrte nach vierzehn Monaten als Leutnant mit einer Brust voller Orden, einer durchschossenen Schulter, einem kaum verheilten Bajonettstich und, wie er sagte, einem schlechten Gewissen auf Lebenszeit, nach München zurück. Und eine herzliche Freundschaft fand ihren Fortgang.
»Military Police, Investigation Section, Captain Ransom speaking«, meldete sich Les militärisch korrekt, als mein Anruf durchgestellt wurde.
»Den Kommißton kannst du dir schenken, alter Rabe«, sagte ich, »it's me, your old buddy Klaus!«
»Hallo, was verschafft mir die Ehre, großer Meister«, gab er den Flachs zurück.
»Hast du heute abend Zeit?« fragte ich.
»Yeah.«
»Gut, dann komm um sieben zu Gaby. Sie sorgt für das Essen, ich für das Gesprächsthema.«
»Da bin ich aber mal gespannt!«
»Das kannst du auch sein. Also um sieben bei Gaby. See you.«
»See you, buddy.«
Ich schob das Telefon zurück und blickte auf die Uhr. Viertel nach zwölf. Noch Zeit für eine Zigarette vor dem Essen. Also zündete ich mir eine an. Genußvoll rauchend legte ich mir meinen Plan zurecht. Als Reporter der seriösen *Süddeutschen Zeitung* würde ich sicher mehr erfahren als Bachmaier in seiner Eigenschaft als Angehöriger der Mordkommission. Ich würde den Alten erklären, ich schriebe einen Hintergrundbericht oder gar eine Serie über Menschen in Altenheimen. Ganz beiläufig würde ich dann auf Erwin Rucker und seinen gewaltsamen Tod zu sprechen kommen. Ich war sicher, diese Methode würde funktionieren. Ich mußte bloß vorsichtig sein, daß ich nicht mit Kupfer kollidierte. Ein solcher Zusammenprall könnte schwer ins Auge gehen, müßte sich aber bei einiger Vorsicht vermeiden lassen. Das eigentliche Problem war Bachmaiers Situation, in die er von Kupfer hineinmanövriert worden war. Bisher hatte ich mich immer einfach hinter Bachmaier geklemmt, wenn Kupfer seine Beamtenanwandlungen bekam. Aber jetzt? Bachmaier blieb nun gar nichts anderes übrig, als auch mir gegenüber Kupfers Standpunkt zu vertreten. Ich mußte höllisch auf der Hut sein, wenn ich nicht in einem bürokratisch-stur arbeitenden Getriebe zermahlen werden und dazu noch Bachmaier in eine peinliche Situation bringen wollte.
Während ich mich mit solchen Gedanken beschäftigte, überkam mich

wieder jenes seltsam erregende Gefühl, das ich nicht anders als mit dem Wort Jagdfieber beschreiben kann. Weit, weit entfernt, fast im Unterbewußtsein, ließ das Wissen, nun Risiken eingehen zu müssen, so etwas wie Angst entstehen. Die Mixtur von Erregung und leise drohender Angst ließ meinen Körper heiß werden, meine Nerven vibrieren. Plötzlich war mir klar, warum Bachmaier mit Leib und Seele Kriminalbeamter, seinem Beruf regelrecht verfallen war. Ich blickte wieder auf die Uhr. Zwölf Uhr fünfunddreißig. Zeit, essen zu gehen.

Nach dem Mittagessen schrieb ich noch einen Kommentar für unsere Mitarbeiterzeitschrift, diktierte den Text auf Band und gab ihn an meine Sekretärin weiter. Inzwischen war es kurz nach drei. Genau die richtige Zeit, dem Altenwohnheim einen Besuch abzustatten.

Nachdem ich meine Gleitzeitkarte aus der elektrischen Kontrolluhr gezogen hatte, fuhr ich mit dem Kuliheber hinunter ins Erdgeschoß und trat hinaus auf die Leopoldstraße in einen eisigkalten Januarnachmittag. Flott ausschreitend bewältigte ich die paar hundert Meter, die den Fuchsbau von der Hauptverwaltung »meiner« Versicherungsgruppe trennten. Ich holte den Golf aus der Tiefgarage und fuhr gemächlich durch den beginnenden Feierabendverkehr hinaus in die Grünwalder Straße zum Altenwohnheim, in dem der ermordete Erwin Rucker gelebt hatte. Vor dem Gebäude, einem schönen, um die Jahrhundertwende erbauten Haus, gelang es mir nach mehrmaligen Versuchen, den Golf in eine Parklücke zu bugsieren, ohne die Wagen davor und dahinter zu verschrotten. Ich drückte eine schwere Eingangstür auf und stand in einem kahlen Vorraum vor einer Pförtnerloge. Ein zusammengesunkener alter Mann, der vor sich hinbrummelnd die Todesanzeigenseite eines Lokalblättchens aus dem bayerischen Oberland las, saß hinter einer gläsernen Trennscheibe. Als ich mit dem Autoschlüssel dagegen klopfte, hob sich ruckartig der runzlige, kahle Schädel, und zwei fahle, wäßrige Augen hinter wimpernlosen Lidern blickten mich fragend und vorwurfsvoll zugleich an. Ich holte meinen Presseausweis hervor und hielt ihn dem Männchen durch das Schalterfenster, das er inzwischen geöffnet hatte, unter die Nase. Umständlich nestelte er eine alte Nickelbrille aus der Brusttasche seines altmodischen Jacketts und hielt sie sich, ohne die Bügel aufzuklappen, vor die Augen.

»Was kann ich für Sie tun?« fragte er mit einer erstaunlich festen und kräftigen Stimme, nachdem er meinen Presseausweis gute zwei Minuten studiert hatte.

»Ich komme von der *Süddeutschen Zeitung* und bin gerade dabei, eine

Serie über Menschen in Altenwohnheimen vorzubereiten. Kann ich die Oberschwester oder die Heimleiterin sprechen?« fragte ich.
»Ich werde sehen, was sich machen läßt«, sagte er und grapschte nach dem Telefon. Den Hörer schon am Ohr, den rechten Zeigefinger schon im Dreierloch der Wählscheibe, forderte er mich auf: »Gehen Sie da durch diese Türe und nehmen Sie auf einer der Bänke Platz.«
Ich sagte dem Alten ein herzliches Dankeschön und drückte eine der beiden Pendeltüren auf. Vor mir ein langer, mild beleuchteter Gang mit glänzend gebohnertem Fußboden. Links und rechts viele Türen. Dazwischen an den Wänden weißgestrichene Holzbänke mit steifen, hohen Lehnen. Ich knöpfte den Mantel auf und setzte mich. Ich holte tief Luft. Es roch nach Bohnerwachs, Malzkaffee, Mottenkugeln und ein klein bißchen nach Verdämmern und Vergehen. Ich griff automatisch in die Jackentasche nach Zigaretten und Feuerzeug. Da ich jedoch keinen Aschenbecher sah, ließ ich Zigaretten und Zünder in der Tasche. Etwa in der Mitte des Korridors vor mir öffnete sich eine Tür, und eine große Frau in dunkler Schwesterntracht und einer weißen Haube mit breiten, langen Flügeln erschien. Sie blickte sich suchend um. Als sie mich bemerkte, kam sie rasch auf mich zu. Ich stand auf.
»Ich bin Oberschwester Ottilie«, sagte sie und reichte mir eine schöne, feingliederige Hand zum Gruß.
»Ich heiße Klaus Lambert, schreibe für die *Süddeutsche Zeitung* und arbeite derzeit an einer Serie über Altenwohnheime in München. Wären Sie bereit, mir ein paar Fragen zu beantworten?« sagte ich und wunderte mich, daß ich nicht errötete.
»Das hängt davon ab, um welche Fragen es sich handelt«, entgegnete sie.
»Lassen Sie es mich versuchen«, bat ich sie.
»Bitte«, sagte sie schlicht und ließ sich auf die Bank nieder. Mit einer Handbewegung hieß sie mich neben ihr Platz zu nehmen. Ich setzte mich und holte Notizblock und Kugelschreiber hervor. Dann fragte ich sie nach der Anzahl der Heimbewohner, ihrer sozialen Herkunft, der Freizeitgestaltung, den Kommunikationsmöglichkeiten, der medizinischen Betreuung, nach irgendwelchen Schwierigkeiten, nach Dingen und Ereignissen, die die Heimbewohner besonders gefreut oder sonstwie berührt hätten. Oberschwester Ottilies schmales, ernstes Gesicht verriet angespannte Konzentration. Ihre Antworten waren knapp, präzise und geschickt formuliert.
»Das war's eigentlich«, sagte ich, »aber war der Rentner, der am Samstag ermordet aufgefunden wurde, nicht ein Bewohner Ihres Heims?«

»Ja, das war er. Ich weiß aber nicht, ob ich Ihnen dazu etwas sagen kann, denn danach haben mich schon am Sonntag zwei Kriminalbeamte gefragt.«

»Nein, nein«, beschwichtigte ich sie, »mich interessiert in diesem Zusammenhang nur die Frage, ob ältere Leute aus Altenwohnheimen öfter Opfer von Verbrechen werden.«

»Sicher«, sagte Oberschwester Ottilie, »gibt es Betrüger, die sich an hilflose, oft vertrauensselige alte Menschen heranmachen, deren Wunsch nach menschlichem Kontakt und Ansprache ausnutzen und sie dann kaltblütig um mehr oder weniger große Geldbeträge prellen. Aber daß solche alten Leute brutal ermordet werden, das passiert doch wirklich äußerst selten.«

»Interessant«, sagte ich, »war denn an diesem Erwin Rucker etwas Besonderes? Warum glauben Sie, daß gerade er Opfer eines derartigen, schrecklichen Verbrechens wurde?«

»An ihm war nichts Besonderes, er war eigentlich wie alle anderen hier im Heim. Mißtrauisch gegen alles und alle hier herinnen und draußen; meist auf der Suche nach Ansprache, nach menschlichen Kontakten. So sehr wir uns auch um unsere Bewohner bemühen, abgeschnitten von der Berufswelt und oft abgeschoben von ihren Angehörigen bleiben diese alten Menschen sehr einsam. Herr Rucker war vielleicht noch etwas eigenbrötlerischer und verschlossener als die meisten anderen.«

»Gab es hier im Heim Personen, zu denen er besonderen Kontakt hatte?«

»Ja, diese Frage habe ich den Herren von der Polizei auch beantwortet. Herr Rucker war sein ganzes Arbeitsleben lang Facharbeiter bei der Post gewesen. Drei andere Heimbewohner, Herren etwa im gleichen Alter wie Herr Rucker, waren ebenfalls lange Jahre Postler. Die vier schlossen sich deshalb ein bißchen enger zusammen.«

»Könnte ich mit diesen Herren mal reden?« fragte ich und versuchte, meine Stimme möglichst gleichgültig klingen zu lassen.

»Nichts einfacher als das«, sagte Oberschwester Ottilie, »die drei sitzen um diese Zeit meistens drüben im ›Rosengarten‹ bei einem Dämmerschoppen und spielen Karten.«

Junge, dachte ich mir ganz nebenbei, das ist ja schon ein ganz ordentlicher Einstieg.

Ich erhob mich, steckte Notizbuch und Kugelschreiber weg und knöpfte den Mantel zu.

»Herzlichen Dank, Frau Oberschwester. Ich glaube, Ihr Wohnheim wird

in der Serie ziemlich gut wegkommen. Auf Wiedersehen und alles Gute.«
»Danke. Auf Wiedersehen, und behüt Sie Gott.«
Ich drehte mich um, bewegte eine große Pendeltür, nickte dem brummelnden Pförtner zu, zog ein schweres Portal auf und stand wieder in der klaren, eisigkalten Januarluft. Ich sah mich um. Rechter Hand, etwa hundertfünfzig Meter entfernt, erblickte ich ein beleuchtetes Wirtshausschild. Ich schaute auf die Uhr. Halb fünf. Hatte ich doch fast eine Stunde mit der Oberschwester sprechen müssen, um zu erfahren, daß drei ehemalige Postler in einem nahen Wirtshaus saßen und Karten spielten. Meine Qualitäten als Interviewer waren auch nicht mehr das, was sie einmal gewesen waren. Ich überquerte die Straße und sah, daß die Kneipe tatsächlich der »Rosengarten« war. Durch einen kleinen, mit einem dicken Filzvorhang vom Lokal abgetrennten Windfang trat ich in die Gaststube. Der »Rosengarten« war ein Wirtshaus, wie man es in der Vorstadt und den Randgebieten aller Großstädte in unserem Land findet. Fast schwarzer, geölter Holzfußboden. Tische mit rotweißkarierten Tischdecken, der Stammtisch an der Schänke ohne Tischtuch. Tiefhängende, mit buntem Stoff bezogene Schirmlampen spendeten ein mildes Licht, das alle Gegenstände weiche Schatten werfen ließ. Am Stammtisch saßen drei alte Männer und spielten ein uraltes, kaum mehr bekanntes Kartenspiel. Ich zog meinen Mantel aus, hängte ihn an einen Kleiderständer und setzte mich an einen Tisch neben dem Stammtisch, und zwar so, daß ich die drei Alten direkt vor mir hatte. Alle anderen Tische waren um diese Zeit unbesetzt. Eine korpulente Frau mit großen roten Händen, die eine weiße Küchenschürze trug und offenbar die Wirtin war, kam hinter der Theke hervor.
»Grüß Gott der Herr, was soll's sein?« begrüßte sie mich.
»Grüß Gott, ein Weißbier bitte«, sagte ich.
Die Wirtin brachte das Bier, zog sich wieder hinter die Theke zurück und fuhr fort, Gläser zu polieren. Ich nahm einen tiefen Schluck von dem herbsüffigen, perlenden Gebräu. Es schmeckte. Als ich das Lokal betrat, hatten die drei Alten hochgeblickt, mich kurz gemustert und sich dann wieder in ihr Kartenspiel vertieft. Sie nahmen jetzt keine Notiz mehr von mir. Dem Bier in den Halblitergläsern vor ihnen sah man an, daß es schon ziemlich abgestanden war. Vielleicht konnte ich über eine Runde frischen Bieres mit ihnen ins Gespräch kommen. Ich winkte die Wirtin herbei.
»Soll's noch was sein, der Herr?« fragte sie.
»Meinen Sie, die drei alten Herren drüben am Stammtisch nehmen es mir

übel, wenn ich sie auf ein Bier und einen Schnaps einlade?« erkundigte ich mich mit gedämpfter Stimme.
»Ganz sicher nicht«, sagte die Wirtin.
»Schön, dann bringen Sie jedem eine Halbe Bier und einen Doppelten von dem Schnaps, den sie gewöhnlich trinken.«
»Gerne, der Herr«, sagte die Wirtin und schob sich behende hinter die Theke, wo sie drei Halblitergläser mit Bier und drei Schnapsgläser mit Steinhäger füllte. Die sechs Gläser deponierte sie auf einem Tablett, brachte sie zum Stammtisch und verteilte sie. Die alten Männer schauten erstaunt von ihren Karten hoch.
»Von dem Herrn dort drüben«, sagte die Wirtin und blickte zu mir herüber. Die alten Männer sahen mich an. Freudige Überraschung zuerst, aber dann auch ein spürbarer Hauch von Mißtrauen.
»Alsdann, auf Ihr Wohl«, sagte ich und hob mein Weißbierglas zu einem kräftigen Schluck. Die drei Alten griffen nach den Schnapsgläsern und ließen die wasserhelle Flüssigkeit durch ihre Kehlen rinnen. Mit einem genußvollen »aahhh« stellten sie die Gläser ab. Man merkte, daß das Geld, das die Altenheimkosten von der Rente der alten Menschen übrigließ, nicht oft doppelte Steinhäger erlaubte. Mit einer Handbewegung bedeutete ich der Wirtin, weitere Schnäpse zu bringen. Ich erhob mich, nahm mein Weißbierglas und trat an den Stammtisch.
»Darf ich mich ein bißchen zu Ihnen setzen? Ich habe bemerkt, daß Sie Pereat spielen. Ich würde Ihnen gerne ein wenig zuschauen.«
»Wenn's weiter nichts ist«, sagte einer der drei Alten, »dann setzen Sie sich her zu uns.«
Die drei alten Männer wirkten erleichtert. Nachdem die Wirtin noch einmal Steinhäger gebracht hatte, nahmen sie ihr Kartenspiel wieder auf. Halblaut gemurmelte Angaben wurden genannt, abgegriffene Spielkarten klatschten sanft auf die Holzplatte, gewonnene Spiele wurden unter freudigem Gebrabbel mit Kreide auf einer Schiefertafel notiert. Während einer Spielpause, als die Karten gemischt wurden, fing ich an: »Ich bin Reporter von der *Süddeutschen Zeitung* und arbeite derzeit an einer Reportage über Altenheime in München. Mit Oberschwester Ottilie habe ich gerade eben gesprochen. Die hat mir auch gesagt, daß ich Sie hier finden würde.«
Ungläubiges Erstaunen in drei alten, faltenreichen, erfahrungszerfurchten Männergesichtern.
»Wollen Sie vielleicht auch etwas über den Rucker Erwin wissen?« fragte einer herausfordernd.

»Nicht in erster Linie«, antwortete ich, »mir geht es mehr darum, etwas über Ihren Alltag, über Ihre Freuden und Kümmernisse zu erfahren. Aber wenn Sie mir unbedingt etwas über Rucker erzählen wollen, dann höre ich gerne zu. Informationen sind für einen Zeitungsmenschen immer interessant.«

»Das könnt' Ihnen so passen«, sagte einer, »was es über den Rucker zu erzählen gab, das haben wir der Polizei schon gesagt, und damit basta.«

Er nahm die Spielkarten vom Tisch auf und wollte wieder mit dem Mischen beginnen.

»Moment noch bitte«, sagte ich.

Er hielt im Mischen inne. Die drei alten Männer schauten mich unwillig an, mit einer Spur von Verschlagenheit in ihren Gesichtern.

»Was gab's denn über den Rucker zu berichten?« bohrte ich weiter. Die Wirtin hatte inzwischen auf mein Geheiß weitere doppelte Steinhäger gebracht. Knotige, leberfleckige alte Hände griffen nur noch zögernd nach den Schnapsgläsern. Dennoch wurden die Gläser geleert. Fordernde Fragen und leere Antworten gingen zwischen mir und den alten Männern hin und her. Der vierte doppelte Steinhäger stand vor ihnen. Die Gier nach dem Schnaps überwog das Mißtrauen. Ich fragte und fragte, doch die Antworten blieben unergiebig.

Ich nahm einen Schluck von meinem Bier und beschloß, eine Finte zu wagen. »Haben Sie vielleicht Angst?« fragte ich harmlos und versuchte, eine gleichgültige Miene zu machen.

Die knotigen Hände wurden unruhig. Mit zerfahrenen, zitternden Bewegungen griffen sie nach den Gläsern, als suchten sie Halt.

»Macht Ihnen vielleicht Angst, was Sie von Rucker wissen?« stieß ich mit fordernder Stimme nach.

Blankes Entsetzen sprach aus den Gesichtern der drei alten Männer.

»Nicht so laut, um Gottes willen, nicht so laut«, murmelte einer mit bebenden Lippen. Ich ging nun aufs Ganze.

»Also, was ist, habt ihr Angst«, wiederholte ich mit gesenkter Stimme, jedoch nicht ohne Schärfe, »habt ihr Angst, daß es euch vielleicht genauso ergehen könnte wie dem Rucker?«

Die drei Alten waren einer Panik nahe. Ich hatte den Eindruck, als wollten sie jeden Augenblick aufspringen und davonlaufen. Leise, aber fast zischend preßte ich heraus: »Zuerst traf's den Rucker, aber wer ist der nächste?«

Da brach es aus einem der drei heraus: »Was weiß ich denn, wer der nächste ist. Um den Rucker Erwin, den sie erschlagen haben, kümmern sich alle. Nach ihm fragt jeder. Über ihn wollen alle, Polizei und Presse, etwas wissen. Und ausgerechnet von uns? Bloß weil wir auch Postler waren? Oder vielleicht deshalb, weil der Erwin in den letzten Monaten nicht mehr mit uns zusammen, sondern den ganzen lieben langen Tag unterwegs war und die Taschen immer voller U- und S-Bahn-Billetts hatte? Aber wir sagen nichts, wir wissen nichts. Im Oktober wird der Junginger Bartl überfahren, dann bricht sich im November der Meisinger Schorsch auf dem Heimweg vom Wirtshaus beim Hinfallen das Genick, und jetzt haben's den Rucker Erwin totgeschlagen. Und uns fragen's immer. Aber kümmern um uns tut sich keiner!«

Die beiden anderen Alten hatten zunächst so dreingeblickt, als würde man sie für die Schuldigen an Ruckers Tod halten, als sie hörten, was ihr Freund mir da fast entgegenspuckte. Doch als dieser geendet hatte, stand erneut blankes Entsetzen in ihren Gesichtern.

Ich zündete mir eine Zigarette an und lehnte mich zurück, indem ich die drei prüfend musterte.

»Haben Sie das auch der Polizei erzählt?« fragte ich ruhig.

»Um Himmels willen, nein«, sagte einer der Alten.

»Gut«, sagte ich, indem ich versuchte, Ruhe zu bewahren, »dann erzählen Sie es auch nie wieder. Von mir erfährt es niemand. Ich hab's bereits vergessen.«

Verbitterung und Entsetzen wichen nur langsam aus ihren Gesichtern.

»Noch einen Schnaps?« fragte ich.

»Nein«, fuhr mich einer der Alten schroff an und warf einen bösen Seitenblick auf den, der geredet hatte, »das Zeug hat heute bereits genug angerichtet.«

»Alsdann, auf Wiedersehen, und nichts für ungut«, sagte ich.

Nachdem ich die Zeche bezahlt hatte, erhob ich mich, schlüpfte in meinen Mantel und verließ das Lokal. Drei alte Männer blickten mir mit verkniffenen Gesichtern und kalten, bösen Augen nach.

Ich trat auf die Straße und tat ein paar tiefe Atemzüge in der bitterkalten Januarluft. Es war stockfinster. Ich schaute auf meine Armbanduhr. Halb sechs, Zeit, nach Freimann zu dem mit Gaby und Les verabredeten Abendessen zu fahren. Ich holte meinen Notizblock hervor und schrieb:

1. Oktober – Bartolomäus Junginger – überfahren
2. November – Georg Meisinger – Sturz, Genickbruch – Heimweg vom Wirtshaus
3. Rucker – letzte Zeit – unterwegs mit U- und S-Bahn.

   1. und 2. nicht als Info an die Polizei.

Ich steckte Notizblock und Kugelschreiber zurück in die Tasche und machte mich auf den Weg zu meinem Golf. Ich schloß die Tür auf und zog, einer alten Gewohnheit folgend, den dicken Wintermantel aus. Ich klappte die Lehne des Sitzes nach vorne, beugte mich in den Golf und warf den Mantel auf den Rücksitz. Links neben mir in der zweiten Fahrspur stoppte mit quietschenden Reifen ein Auto. Erschrocken tauchte ich hoch. Aus dem rechten Seitenfenster spritzte mir eine blinkende, zersprühende Flüssigkeit entgegen. Instinktiv schlug ich meine Hände vors Gesicht und wandte mich blitzschnell ab. Mit aufjaulendem Motor und gequält kreischenden Reifen schoß der Wagen davon. Eine Million glühender Nadeln begannen in meine linke Schulter und Rückenpartie zu dringen, sich in meine Haut zu brennen. Ich riß mir das Jackett vom Leib. Es roch nach Säure. Trotz der Kälte zog ich auch noch das Hemd aus, knüllte es zusammen und rieb über die höllisch brennenden, verätzten Hautstellen. Ich holte den Mantel vom Rücksitz und zog ihn über den nackten Oberkörper an. Das eiskalte Seidenfutter tat sehr wohl auf den verletzten Hautstellen. Aber ich zitterte vor Kälte, als ich mich hinter das Steuerrad des Golfs schob. Mit bebenden Händen zündete ich mir eine Zigarette an und zog den Rauch tief in die Lungen. Mein Mund war trocken, mein Puls jagte. Der Schreck wich nur langsam. Die Uhr am Armaturenbrett des Golfs zeigte 17 Uhr 40. Zehn Minuten waren vergangen, seit ich den »Rosengarten« verlassen hatte. Ich war in den Besitz einer Information gelangt, von der die Polizei, also Kupfer und Bachmaier, nichts wußte. Und schon versuchte man, mir Säure ins Gesicht zu spritzen. Wieder eine typische Klaus-Lambert-Situation. Sturheit? Leichtsinn? Neugierde? Oder war es jener seltsam erregende, fast berauschende Jagdtrieb, der mich in einen Mordfall hineingezogen hatte, von dem ich offenbar schon so viel zu wissen schien, daß jemand glaubte, mir einen Denkzettel verpassen zu müssen. Ich zündete mir eine frische Zigarette an, startete den Golf und machte mich auf den Weg hinaus nach Freimann. Schulter und Rücken taten jetzt sehr weh.
Durch den allabendlichen Feierabendverkehr quälte ich mich fast im Schrittempo die knapp fünfzehn Kilometer durch München von Harlaching bis hinunter nach Freimann. Kurz vor sieben parkte ich den Golf vor Gabys Villa. Ich griff mir das verätzte Jackett und Hemd und eilte die paar Schritte zur Haustür. Ich holte die Schlüssel aus der Manteltasche, schloß auf, durchschritt die Halle und stieg die teppichbelegte Treppe hinauf in den privaten Teil des Hauses. Der Geruch nach Arznei, der jede Arztpraxis verrät, wurde im ersten Stockwerk von dem verführerischen Duft

guter Speisen verdrängt. Ich rief laut »Hallo« und betrat das Wohnzimmer. Fast sechzig Quadratmeter groß, vom Alter gebeizte Holzdecke, schimmerndes Parkett, wertvolle Teppiche, schwere alte Möbel. Über einer brusthohen Vitrine hing ein altes Ölgemälde; venezianische Schule des 16. Jahrhunderts, wie Gaby immer stolz betonte. Auf diesem Bild waren zwei total in Eisen eingelötete Ritter, offenbar Kreuzfahrer, gerade dabei, eine von den bösen Ungläubigen an einen Baum gefesselte Dame loszuzurren. Sie taten dies jedoch mit so wenig Begeisterung, daß ich beim Betrachten des Gemäldes stets versucht war, mich an der Entfesselung zu beteiligen. Mein Freund Les schien das gleiche Problem mit dem Bild zu haben. Er saß mit dem Rücken zu ihm, tief in einen Sessel gerutscht und nahm genießerisch kleine Schlucke aus einem Glas, das er in der linken Hand hielt. Ich schnüffelte. Es war Scotch.
»Hi buddy«, sagte ich, warf Jackett und Hemd auf das Sofa und knöpfte den Mantel auf. Les wollte sicher auch »Hi buddy« sagen, aber als er mich so mit nacktem Oberkörper unterm Wintermantel erblickte, brachte er keinen Ton hervor. Er blickte mich entgeistert an, nahm einen großen Schluck Scotch, schüttelte den Kopf und sagte: »Das darf doch wohl nicht wahr sein. Aus welchem Puff bist du denn geflogen?«
Dieser blöde Witz entkrampfte meine überstrapazierten, noch immer bis zum Zerreißen gespannten Nerven und löste den Schock mit einem Schlag. Ich brach in ein brüllendes Gelächter aus. Ich lachte, bis mir die Tränen aus den Augen liefen und ich nur noch keuchte. Aufgeschreckt kam Gaby ins Zimmer gerannt.
»Hallo Liebes«, stieß ich atemlos gluckernd hervor und begann von neuem wie irre zu lachen.
»Klaus, o Gott, was ist mit dir passiert?« stieß sie hervor, blickte entsetzt auf mich und nicht weniger entsetzt, aber auch fragend auf Les. Der schüttelte noch einmal den Kopf und tippte sich mit dem Zeigefinger gegen die Stirn. Dann schob er seine lange, schmale Gestalt aus dem Sessel hoch, ging zur Anrichte, auf der die Flaschen und Gläser standen, goß drei Fingerbreit Scotch in ein Glas und reichte es mir.
»Trink das, Junge, vielleicht versetzt dich der Schnaps in die Lage, zu erzählen, was passiert ist.«
Ich setzte das Glas an die Lippen. Meine Zähne klapperten gegen den Rand. Der Whisky plumpste wie ein heißer Bleiklumpen in meinen Magen, brachte mich aber in die Wirklichkeit zurück. Ich fiel in einen Sessel und ließ dabei den Mantel von den Schultern gleiten.

»Bitte, Gaby, schau dir mal meine linke Schulter und den Rücken an.«
Gaby war mit einem Sprung neben mir. Les hatte sich Hemd und Jackett gegriffen, hielt sich die Kleidungsstücke an die Nase und schnüffelte daran. »Säureverätzungen. Nicht schlimm, aber schmerzhaft«, sagte Gaby nach einem intensiven Blick auf die lädierten Hautpartien. »Stimmt«, sagte Les bestätigend, »Säure, und zwar eine, die Klaus' schönes Gesicht so verunstaltet hätte, daß er nur noch als Kinderschreck in der Geisterbahn zu gebrauchen gewesen wäre, hätte ihn die Ladung voll erwischt!«
»Findest du das vielleicht witzig?« fauchte ich ihn an.
»Konzentrierte Salzsäure, wahrscheinlich«, sagte Les nun sehr sachlich, nachdem er Hemd und Jackett genau untersucht und an den verätzten Stellen noch einmal gerochen hatte.
Ein teurer Spaß, dachte ich, ein Hundert-Mark-Hemd und ein Siebenhundert-Mark-Flanellanzug im Eimer, und mußte erneut aufstoßendes Lachen unterdrücken. Gaby verließ mit schnellen Schritten das Zimmer. Wir hörten sie die Treppe hinunter in die Praxisräume eilen. Atemlos trat sie wieder in den Raum. Sie hatte eine braune Arzneiflasche und einen Wattebausch in der Hand. Sie goß eine milde, nach Kräutern duftende Flüssigkeit auf den Wattebausch und betupfte damit die verätzten Hautstellen. Die Arznei kühlte, linderte den brennenden Schmerz und tat ungemein wohl.
»Mach bitte weiter, Les«, bat sie und drückte ihm Flasche und Wattebausch in die Hand. »Ich hole Klaus inzwischen etwas zum Anziehen.«
Les konnte es sich nicht verkneifen, die Wunden ein wenig fester mit dem Wattebausch zu reiben als Gaby.
»He Kumpel, ein bißchen sanfter, wenn's beliebt«, knurrte ich. Gaby kam zurück. Sie hatte mir von meinen bei ihr deponierten Kleidungsstücken ein weiches weißes Leinenhemd und eine leichte dunkelblaue Strickjacke gebracht. Les hörte mit der Tupferei auf, und ich zog mir das Hemd über und schlüpfte in die Strickjacke. Les reichte mir noch einen steifen Scotch und Gaby steckte mir eine brennende Zigarette zwischen die Lippen. Ich rauchte ein paar tiefe Züge, trank schweigend einige sparsame Schlucke von dem Whisky, lehnte mich im Sessel zurück und begann zu erzählen. Ohne Rücksicht auf Gaby berichtete ich Les alles, von dem Augenblick an, als ich den erschlagenen alten Mann im Scheinwerferlicht meines Golfs erblickt hatte, bis zu dem Moment, als es mir gelang, der Säure auszuweichen. Ohne Vermutungen zu äußern, Thesen einzuflechten,

eigene Kombinationen anzustellen, erzählte ich all das, was sich seit dem Samstagmorgen ereignet hatte. Als ich geendet hatte, holte ich mir noch einen Schluck Whisky und steckte mir eine frische Zigarette an. Gaby blickte mich nun eher nachdenklich als entsetzt an, Les schaute sehr ernst drein. Es war plötzlich sehr still im Zimmer. Es war jene Stille, die fast körperlich spürbar ist, weil sie mehr ist als die reine Reduzierung von Alltagsgeräuschen, die der Großstädter schon als Stille empfindet. Nein, die Stille, die jetzt im Raum herrschte, legte sich schwer auf die Brust, drückte auf die Kehle und machte das Atmen schwer. Ich bemerkte, wie Gaby sich einen Ruck gab. Sie richtete sich kerzengerade im Sessel auf, schlug sich mit den Handflächen klatschend auf die Oberschenkel und erhob sich.

»Aber jetzt zu Tisch, Männer, wenn ihr nicht anstelle einer saftigen Lammkeule einen Brocken talgigen Koks auf dem Teller haben wollt.« Les und ich drückten die Zigaretten in den Aschenbecher, standen ebenfalls auf und folgten Gaby ins Speisezimmer. Müde, ausgelaugt und mutlos, aber dennoch hungrig setzte ich mich neben Gaby an den liebevoll gedeckten Tisch. Es wurde ein fast behagliches Abendessen. Gabys Haushälterin hatte eine provencalische Gemüsesuppe auf den Tisch gebracht. Danach aßen wir gegrillte, mit Knoblauch und Kräutern gespickte Lammkeule mit knusprigen Pommes frites und grünen Bohnen, umwickelt mit gebratenen Speckstreifen. Dazu tranken wir einen gut gekühlten, leichten Rosé aus dem Anjou. Käse und warmes Weißbrot schlossen die Mahlzeit ab. Kaffee und Cognac tranken wir im Wohnzimmer.

Les nahm einen langen Zug aus seiner Zigarette und ließ den Cognac sanft im Schwenker kreisen. Mit einem leisen, doch unüberhörbar spöttischen Unterton in seiner tiefen, sonoren Stimme sagte er: »Unser großer Held und Meisterdetektiv hat es also wieder einmal fertiggebracht, sich mitten in einen Mordfall hineinzumogeln. Und wie gefährlich das bereits ist, beweist die Tatsache, daß er mit etwas weniger Glück erblindet sein könnte und mit einem für sein ganzes Leben entstellten Gesicht herumlaufen müßte.«

»Klaus, du hast mir doch versprochen, dich aus dieser Sache herauszuhalten«, rief Gaby mehr besorgt als verärgert aus.

Ich zuckte die Schultern und vermochte nicht, den Blick vom Cognacschwenker zu erheben.

»Passiert ist passiert«, sagte Les mit einem Seitenblick auf Gaby, »Vorwürfe nutzen jetzt auch nichts mehr.«

»Aber ich habe Angst um Klaus!«

»Liebes, mit ein bißchen Glück werde ich es überstehen...«
»...wie das letzte Mal, du Held«, sagte Les sarkastisch.
»Was ist, wollt ihr einen Streit mit mir vom Zaum brechen?« fragte ich mit erhobener Stimme, »oder wollen wir gemeinsam überlegen, was der Grund für den Mord an dem alten Erwin Rucker sein könnte?«
»Sorry«, brummte Les.
»Schon gut, schon gut, Klaus« sagte Gaby mit dünner Stimme.
»Also«, sagte ich und nippte an meinem Cognac, »die Fakten kennen wir. Und dies ist mehr, als die Polizei weiß.«
»Das ist doch nicht viel«, sagte Gaby.
»Das ist eine ganze Menge«, sagte Les.
Ich nickte.
»Der alte Rucker fuhr sehr viel mit der U-Bahn. Die drei kartenspielenden Postler haben Angst. Sie bringen offenbar die Unfälle, bei denen die Rentner Junginger und Meisinger tödlich verunglückten, mit dem Rukker-Mord in Verbindung.« Ich spann den Faden weiter: »Aber wer hat schon ein Interesse daran, drei alten Männern, die in einem Altenwohnstift ihren Lebensabend verbringen, den Garaus zu machen. Die ersten beiden Morde tarnen der oder die Täter als Unfälle. Den dritten Mord versucht er oder versuchen sie nicht zu tarnen. Im Gegenteil, es hat den Anschein, als legten die es geradezu darauf an, daß der Mord sogleich als solcher erkannt wird. Eine Warnung?« fragte ich mehr mich selber, »eine Warnung, aber an wen?«
Les unterbrach mich: »Ich glaube, so kommen wir nicht weiter. Laßt uns doch einmal anders an die Sache rangehen. Fragen wir nach dem Motiv. Warum bringt man einen Menschen kaltblütig um? Aus Rache, aus Eifersucht? Um ihn auszurauben, weil man von ihm erpreßt wird? Weil er etwas weiß, was einem selbst gefährlich werden kann, wenn es ans Licht kommt? Vergessen wir zunächst die beiden Unglücksfälle und konzentrieren wir uns auf Rucker. Rache, Eifersucht, Raub, Erpressung, ich bin der Ansicht, solche Mordmotive können wir bei Rucker aus unserer Liste streichen...«
»Also, du meinst, Rucker wußte etwas, was für einen anderen gefährlich war«, warf ich ein.
»Genau«, fuhr Les fort, »und für den anderen bedeutete Rucker ein nicht mehr tragbares Risiko, also hat er ihn umgebracht.«
Gaby, die, während Les und ich unsere Gedanken spazierenführten, Cognac nachgegossen und für neue Zigaretten gesorgt hatte, mischte sich jetzt ins Gespräch: »Aber was soll ein alter Rentner, der mehr oder

weniger isoliert in einem Altenwohnheim lebt, schon so Brisantes wissen, daß es ihn gleich das Leben kostet?«
Les grinste, kippte seinen Cognac und sagte mit einem ironischen Seitenblick auf mich: »Darüber, liebe Gaby, werden sich sicher bereits auch Kriminalrat Kupfer, Kriminalobermeister Bachmaier und alle anderen Männer vom MK1 die Köpfe zerbrechen. Und glaube mir, die bekommen das heraus.«
»Doch vielleicht erst nach uns«, warf ich ein, »denkt an die U-Bahn-Fahrscheine, die Rucker stets in den Taschen hatte und von denen die Polizei nichts weiß.«
Ich blickte auf Gaby und las Ärger aus ihrem Gesicht. Ich drehte kurz bei, indem ich zu Les gewandt sagte: »Morgen werde ich das Bachmaier mitteilen...«
»... und auch deine Mutmaßungen über die Unfälle der beiden anderen Rentner«, sagte Gaby spitz.
»Sicher, Liebes, werde ich das tun.«
Les schaute mich an, begann breit zu grinsen und kniff das linke Auge zu.
»Mit der U-Bahn fährt man meistens längere Strecken, also an den Stadtrand. Hier in München verkehrt die U-Bahn bisher nur in der Nord-Süd-Richtung. Im Süden der Harras, Schwabing-Freimann und das Olympiagelände im Norden. Denk auch mal darüber nach, Kojak.«
Nach diesen Worten blickte Les auf seine Armbanduhr, gähnte ungeniert, murmelte »Verdammt spät«.
Dann verabschiedete er sich, indem er die Spitze des rechten Zeigefingers zuerst auf seine Lippen und dann auf Gabys Stirn drückte und mir die Rechte kräftig schüttelte. Ich brachte Les zur Tür. »Just give me a call, if you need me. Ruf mich an, wenn du mich brauchst«, sagte er.
»Danke, mach ich«, sagte ich.
Mit einem bitteren Gefühl der Enttäuschung stieg ich die Treppe hinauf ins Wohnzimmer. Gaby hatte bereits Gläser, Kaffeetassen und Aschenbecher weggeräumt.
»Ich muß morgen die Praxis um halb acht aufmachen, ich gehe jetzt schlafen. Was ist mit dir?«
Ich war sauer.
»Ich möchte morgen länger schlafen, ich fahr in meine Wohnung«, sagte ich und versuchte, den Trotz nicht durchklingen zu lassen.
»Kommst du morgen abend?« fragte Gaby.
»Klar«, antwortete ich sarkastisch, »ich muß dir doch erzählen, wie Bachmaier auf meine Informationen reagiert hat.«

»Bitte, Klaus«, sagte Gaby und ihre Stimme klang sehr traurig.
»Schon gut, Liebes, gute Nacht«, sagte ich besänftigend.
Ich schlüpfte in den Mantel und klemmte mir das säurezerfressene Jackett und Hemd unter den Arm. Mit hängenden Schultern und schlurfenden Schritten stolperte ich die Treppe hinunter. Als ich das Haus verließ, traf mich die klirrende Kälte wie der Biß eines Raubtiers. Die Fenster des Golfs waren natürlich mit einer glitzernden Eisschicht überzogen. Fluchend startete ich den Motor, drehte das Heizungsgebläse auf volle Touren und machte mich daran, mir ein paar Sichtlöcher in die Scheiben zu kratzen. Die Eisschicht war so hart, daß ich mir vorkam, als würde ich versuchen, mit meinem Plastikschaber den Tarnanstrich von einem Panzer zu kratzen. Schließlich gelang es mir, auf der linken Seite der Frontscheibe eine zweihändegroße Fläche einigermaßen freizubekommen. Vor Kälte zitternd kroch ich hinter das Steuerrad und fuhr nach Hause. Als ich den Golf die Einfahrt zur Tiefgarage des Fuchsbaus hinabrollen ließ, waren alle Scheiben klar. Ich bugsierte die Karre auf ihren Parkplatz. Der Lift brachte mich direkt aus der Tiefgarage vor die Wohnungstür. Nachdem ich sie hinter mir zugeknallt hatte, zog ich mir die Kleider vom Leib, holte mir eine Flasche Bier aus der Küche und kroch ins Bett. Direkt aus der Flasche nuckelnd lag ich da und starrte an die Decke. Herrgott, verdammt noch mal, war ich sauer und enttäuscht. Da redete ich einen ganzen Abend lang mit meiner Freundin und meinem besten Freund über einen Mordfall und beide fragten nur nach dem Mordmotiv. Wer und warum jedoch irgendwer versucht hatte, mir eine Ladung Säure ins Gesicht zu schleudern, danach hatten weder Gaby noch Les gefragt. Ich hatte diesen Vorfall bewußt nicht mehr ins Gespräch gebracht. Ich wollte wissen, was für die beiden interessanter und wichtiger war, der Mordfall oder ich. So, wie das Gespräch gelaufen war, hatte sich deutlich herausgestellt, daß der Mordfall Rucker an erster Stelle stand. Jedenfalls bildete ich mir dies ein. Ich leerte die Bierflasche und blickte auf die Armbanduhr. Null Uhr dreißig. Ich knipste das Licht aus. Okay, dachte ich grimmig im Einschlafen, wenn ihr es nicht anders wollt, werde ich euch beiden morgen beweisen, daß ich herausbringen kann, wo's langgeht.

Dienstag, 18. Januar
Bereits um sieben saß ich nach ein paar Stunden dumpfen, eher ermüdenden als erquickenden Schlafes am Schreibtisch. Enttäuschung und Verbitterung von gestern waren wie weggeblasen und hatten Tatendrang und Jagdfieber Platz gemacht. Mein Plan stand fest. Natürlich würde ich

meine Informationen nicht an Bachmaier weitergeben. Mit diesen Informationen als Vorsprung wollte ich nun erst richtig in den Fall einsteigen. Vielleicht würde mir ein großer Wurf gelingen. Vielleicht konnte ich die Story sogar für eine Illustrierte schreiben. Ein solcher Hit würde meinem Selbstbewußtsein, meinem Namen als Journalist, aber auch meinem Bankkonto gut bekommen. Diese Gedanken versetzten mich in eine heiter-erregte Stimmung. Mit ihrem gewohnt fröhlichen »Guten Morgen, Herr Lambert« trat meine Sekretärin ins Zimmer.

»Morgen. Immer rein, mein Engelchen«, grölte ich und klatschte laut in die Hände, »immer rein in die gute Stube, denn heute gibt's ne Menge zu tun.«

Meine Sekretärin schaute mich entgeistert an, denn normalerweise bin ich ein Morgenmuffel.

»Na so was! Was ist denn in Sie gefahren? Haben Sie vielleicht heute zum Frühstück anstelle des Toasts ein paar Stangen Dynamit verzehrt? Sie werden doch sonst erst nach der dritten Tasse Kaffee munter?«

»Nichts von alldem«, rief ich nahezu pathetisch aus, »große Dinge haben sich ereignet und harren ihrer Aufdeckung.«

»Nun mal im Ernst«, sagte meine Sekretärin bedächtig, »was gibt es denn Wichtiges?«

»Also, passen Sie auf«, begann ich, »im Oktober und November vergangenen Jahres verunglückten zwei Rentner tödlich. Der eine wurde überfahren, der andere stürzte so unglücklich, daß er sich tödliche Verletzungen zuzog. Sie fahren jetzt in die Archive der *Abendzeitung*, der *tz* und der *Bildzeitung* und suchen heraus, was diese Blätter seinerzeit über diese Unfälle berichtet haben. Von den Berichten bringen Sie mir Fotokopien.«

Meine Sekretärin sah mich mit ihren großen Augen fragend an.

»Ich brauche dieses Material für einen Artikel in unserer Mitarbeiterzeitschrift«, ergänzte ich.

»Ach so«, sagte sie und verließ mein Zimmer.

Ich holte mir aus dem Bücherregal einen Stadtplan von München und aus dem Hausarchiv einen Haltestellenplan des MVV, des Münchner Verkehrsverbundes. Dann faltete ich den Stadtplan vor mir auf und begann mit einem dicken, schwarzen Filzstift den Verlauf der U-Bahn-Linien mit allen Haltestellen einzuzeichnen. Danach brühte ich mir einen großen Becher Kaffee auf. Während ich in kleinen Schlucken das duftende Gebräu trank und den Zigarettenrauch tief inhalierte, begann ich systematisch die Strecken abzutasten und zu überlegen, wohin der alte Rucker

wohl gefahren, wo er ausgestiegen und er was getan haben könnte. Ich überlegte, kombinierte, grübelte, erfand die verrücktesten Theorien, verwarf sie wieder.
So geht das nicht weiter, das führt zu nichts, dachte ich und lehnte mich im Stuhl zurück, eine frische Zigarette anzündend. Ich hörte, wie im Zimmer meiner Sekretärin der Hausbote die Post ablegte. Ich ging hinüber und holte mir die grünen Laufdienstmappen, die nichts als Arbeit enthielten. Lustlos sortierte ich den Inhalt dieser Mappen und überflog den einen oder anderen Brief, die eine oder andere hausinterne Mitteilung. Da fragte der Bereichsleiter an, der für die Autoversicherungen zuständig war, wann nun endlich der Artikel über Versicherungsbetrug durch erfundene und gestellte Verkehrsunfälle in unserer Mitarbeiterzeitschrift, für die ich verantwortlich war, erscheinen würde. Der wird wohl noch warten können, dachte ich, legte den Schrieb beiseite und ging in mein Büro zurück. Wieder auf den Stadtplan starrend, zündete ich mir die heute weiß Gott schon wievielte Zigarette an. Plötzlich setzte ich mich mit einem Ruck kerzengerade in meinem Stuhl hoch. Zwei Worte begannen in meinem Gehirn zu rotieren: Gestellte Verkehrsunfälle. Ich sprang auf und tigerte im Zimmer auf und ab: Gestellte Verkehrsunfälle. Die beiden Worte hatten aufgehört zu rotieren; sie hatten sich festgefressen. Ich zog eine Lade meines Schreibtisches auf und holte die Mappe mit dem Material heraus, das ich für den Artikel recherchiert und gesammelt hatte, den der Autoversicherungsmann reklamierte. Ich blätterte die Seiten durch; es waren eine Reihe von Fällen von Versicherungsbetrug auf dem Kfz-Versicherungssektor. Ich sortierte sie nach der Art des Betruges auseinander und hatte schließlich die heute am meisten praktizierten Tricks herausgefunden:

Betrugsmanöver 1:
Am Schreibtisch erfanden die Betrüger Unfälle, die in Wirklichkeit nie stattgefunden hatten. Dennoch bekamen die Versicherungen stets genaue Schilderungen über den Unfallhergang. Und es war auch immer ein Zeuge zur Hand, der den »Schreibtisch-Unfall« genau gesehen hatte, vor allem der Autofahrer, der die Schuld für den Zusammenstoß auf sich nahm. Werkstätten beschafften fingierte Rechnungen, und die Versicherungen bezahlten.
Betrugsmanöver 2:
Vom Schrottplatz holten die Gauner Wracks teurer Limousinen, die notdürftig wieder zusammengeflickt und durch den TÜV gemogelt

wurden. Diese aufgetakelten Wracks wurden versichert. Wenige Tage darauf wurde ein Unfall gestellt, indem man durch genau geplante Fahrmanöver einen anderen, neutralen PKW in einen Auffahrunfall verwickelte. Auch hier waren selbstverständlich zuverlässige Zeugen zur Stelle. Der Verdienst lag in überhöhten Reparaturrechnungen für das Wrack, auf das schon ein paar Tage später wieder ein Opfer bumste, einen neuen »Großschaden« verursachte und eine andere Versicherung zum Zahlen zwang.

Betrugsmanöver 3:
Die »Vollkaskoversicherung ohne Prämie« funktionierte so: Wenn ein Wagen ohne Vollkaskoversicherung allein durch die Schuld des Fahrers einen Unfall hatte und mithin der Eigentümer den Schaden selber hätte bezahlen müssen, so beschafften sich die Betrüger einen »Partner«, der fuhr dann, oder tat wenigstens so, noch einmal gegen die bereits beschädigte Stelle. Es kam sogar vor, daß die Gauner ahnungslose Polizisten herbeiholten und den »Unfall« für die Versicherung protokollieren ließen.

Betrugsmanöver 4:
Für neue und teure Limousinen wurden bei mehreren Gesellschaften Vollkaskoversicherungen abgeschlossen. Nach Zahlung der ersten Prämie wurde ein Totalschaden arrangiert (notfalls mit dem Vorschlaghammer) und dann jeweils mehrfach für ein und dasselbe Auto die Versicherungssumme kassiert.

Diese vier Arten des Versicherungsbetruges waren nur eine kleine Auswahl der gängigen Tricks. Ich hatte das Gefühl eines Goldsuchers, der auf eine ergiebige Ader gestoßen ist. Ich war auf der richtigen Fährte. Ich ließ mir diese vier am häufigsten praktizierten Betrugsmanöver noch einmal genau durch den Kopf gehen. Die Fälle drei und vier konnte ich getrost vergessen. Die Fälle eins und zwei, die waren meine Spur. Die drei Rentner hatte man zu Zeugen gestellter oder gar nicht eingetretener Verkehrsunfälle gemacht. Plötzlich hatte ich auch die Erklärung für die U-Bahn-Fahrkarten in den Taschen Ruckers. Die U-Bahn-Linien 3 und 6 verliefen nach Norden genau unter stark befahrenen Ausfallstraßen, wie der Leopold- und der Ungererstraße. Dort krachte und schepperte es jeden Tag. Keine Versicherung würde Verdacht schöpfen, wenn Auffahrunfälle auf diesen Straßen, belegt durch glaubwürdige Zeugen, ordnungsgemäß gemeldet wurden. Ich lehnte mich im Stuhl zurück und zündete mir mit vor Erregung fliegenden Fingern eine Beruhigungszigarette an. Ich

grübelte. Ich hatte den Hintergrund ausgegraben, vor dem der Mordfall Rucker und die Unfälle der beiden anderen Rentner zu betrachten waren. Hastig griff ich zum Telefon, um den Leiter unserer Kraftfahrtschaden-Abteilung anzurufen. Doch nachdem ich die erste Zahl gewählt hatte, legte ich den Hörer auf die Gabel zurück.
Ruhig, Junge, besänftigte ich mich selbst, jetzt keine übereilten Handlungen. Ich beschloß, systematisch vorzugehen. Ich zog mir einen Schreibblock heran, um alles das, was ich bisher herausgefunden und in meine Theorie eingepackt hatte, übersichtlich und logisch aufzuzeichnen. In diesem Moment trat meine Sekretärin mit vor Kälte hochroten Wangen in mein Zimmer. Sie legte mir drei Fotokopien von Zeitungsausschnitten auf den Tisch. Ich sagte ihr ein herzliches Dankeschön und bat sie, frischen Kaffee aufzubrühen und sich danach mit der heutigen Post zu beschäftigen. Dann nahm ich mir die Fotokopien vor. Über die Unfälle wurde nicht einmal in gesonderten Artikeln berichtet, sondern nur innerhalb des Polizeiberichtes des jeweiligen Tages. Ich fand nichts, was ich nicht schon wußte. Der 71jährige Rentner Bartolomäus J., also der Junginger, wurde beim unachtsamen Überqueren der Tegernseer Landstraße von einem Lieferwagen erfaßt und auf die Fahrbahn geschleudert. Dabei zog er sich so schwere Verletzungen zu, daß er noch an der Unfallstelle starb. Der 74jährige Rentner Georg M., also der Meisinger, wurde in den späten Abendstunden in den Grünanlagen nordöstlich des Autharipatzes von Passanten aufgefunden. Er lag leblos am Fuß einer kurzen Treppe. Die Obduktion ergab einen Blutalkohol von 2,1 Promille; weiter wurde festgestellt, daß der Tod durch den Bruch des Nackenwirbels eingetreten war. Ein Sturz im Zustand der Trunkenheit, Hinweise auf Fremdverschulden oder gewaltsames Einwirken von dritter Seite hatten sich nicht ergeben. Wie gesagt, mir war das alles nicht neu. Dennoch pfiff ich durch die Zähne. Hier waren Profis am Werk, und zwar eiskalte und zu allem entschlossene. Zum Gefühl des Jagdfiebers und der bebenden Erregung gesellte sich jetzt ein drittes: Angst. Plötzlich spürte ich die Säurewunden an Schulter und Rücken wieder.

Es war zehn Uhr abends. Ich lag, die Beine auf einem Hocker, bequem in einem Sessel in Gabys Wohnzimmer. Auf dem niedrigen Tisch vor mir stand eine frische Halbe Bier, zwischen den Fingern der rechten Hand hielt ich eine qualmende Zigarette. Rechts neben mir auf der Couch kauerte Gaby, die Beine unter sich gezogen; im Sessel mir gegenüber saß in ungewohnt aufrechter Haltung Les. Vor beiden stand ebenfalls ein

gefülltes Bierglas; beide zogen heftig an ihren Zigaretten. Während ich zur Decke starrte und versuchte, einem Gefühl der Ohnmacht Herr zu werden, dem Gefühl, etwas nicht gewachsen zu sein, lasen Gaby und Les konzentriert in einem Bündel von Fotokopien meines Berichts, dessen Original vor mir lag.
Ich war müde und zerschlagen. Den ganzen Nachmittag bis acht Uhr abends hatte ich im Büro zugebracht und aus unserer Kraftfahrtschaden-Abteilung, von anderen Versicherungen sowie vom Verband der Autoversicherer, dem HUK-Verband in Hamburg, Schadenfälle, Schadenakten, Schadenzahlen zusammengetragen und zu diesem Bericht verarbeitet. Ich war sicher, daß ich in der Kürze der Zeit nur einen Bruchteil des Materials hatte zusammentragen können. Doch diese Informationen, die ich hier hatte, waren eine Ladung Dynamit. Aufgrund meiner gezielten Anfragen hatte ich herausfinden können, daß die drei Rentner in zehn verschiedenen Schadenfällen, die sechs verschiedenen Versicherungen gemeldet worden waren, als Zeugen ausgesagt hatten; als Zeugen für die Fahrer eines Mercedes 450 SL und eines Cadillac-Seville. In allen zehn Fällen waren in der Leopoldstraße, in der Ungererstraße und auf dem Frankfurter Ring Lieferwagen kleiner Firmen auf die schweren Limousinen aufgefahren und hatten diese erheblich beschädigt. Allein bei diesen zehn Schadenfällen wurden von den Versicherungen 120000 DM an Schadenzahlungen geleistet, und zwar allesamt an die Kfz-Reparaturwerkstätte Otto Buchberger in der in Schwabing gelegenen Hohenzollernstraße. Bei dem Unfall jüngsten Datums, der sich gerade im Stadium der Regulierung befand, war vor einer Ampel in der Ungererstraße ein Lieferwagen auf einen Cadillac geprallt, wobei der Beifahrer im Lieferwagen sehr schwer verletzt wurde. Zeuge war hier der Rentner Erwin Rucker. Und dieser Unfall war am Donnerstag, dem 13. Januar, passiert.
Gaby und Les legten fast gleichzeitig die Papierbündel auf den Tisch zurück. Beide starrten mich an. Gaby entsetzt. Les ungläubig mit einer Spur Bewunderung.
»Ihr seht also«, sagte ich, »daß das Motiv für drei Morde klar auf der Hand liegt. Diese Asphalthyänen haben es fertiggebracht, zumindest drei harmlose alte Männer für ihre Versicherungsbetrügereien als Zeugen zu mißbrauchen. Als diese dann aus irgendwelchen Gründen, die ich sicher noch herausfinden werde, nicht mehr mitmachen wollten, wurden sie kaltblütig ermordet. Die beiden ersten Morde wurden als Unfälle getarnt, der Mord an Rucker ganz offen als ein solcher angelegt. Ich schließe daraus, daß damit eine Warnung ausgesprochen und ein Exempel

statuiert werden sollte. Das bedeutet, daß noch mehr Menschen mißbraucht wurden und immer noch als Zeugen mißbraucht werden.«
»Junge, Junge«, sagte Les, und seine Bewunderung war nun fast lupenrein, »du hast vielleicht ein Talent, in Hornissenlöcher zu stochern. Paß bloß auf, daß dir in den nächsten Tagen die Tierchen keine Stiche versetzen.«
Ich blickte auf Gaby. Sie schluckte, als müsse sie einen Kloß durch die Kehle würgen.
»Klaus, Klaus, ich habe Angst. Wir haben es hier doch nicht nur mit Versicherungsbetrügereien zu tun, sondern mit einer zu allem entschlossenen Mörderbande.«
»Damit sind wir schon beim nächsten Thema«, sagte ich und versuchte, meiner Stimme Festigkeit zu verleihen, doch dies gelang mir nicht ganz, »dem Säureanschlag auf mich. Er wurde zu einem Zeitpunkt verübt, als ich noch so gut wie gar nichts über den ganzen Fall wußte. Jetzt ist mir klargeworden, allein die Tatsache, daß ich Journalist bin und bei einer Versicherung arbeite, war für die Verbrecher schon ein ausreichender Grund, mir eine ›Warnung‹ zukommen zu lassen. – Wenn die erst wüßten...« fügte ich schwer atmend und stockend hinzu.
»Angst?« fragte Les sachlich.
»Wie kamen die denn auf dich, Klaus?« fragte Gaby mit zitternder Stimme, »im Zusammenhang mit dem Mordfall Rucker wurde dein Name in der Öffentlichkeit doch überhaupt nicht erwähnt.«
»Auch das habe ich herausgefunden«, erwiderte ich und bemühte mich, ruhig zu bleiben und die aufkommende Angst zu unterdrücken. »Also, ich fand den erschlagenen alten Rucker. Auf dem Parkplatz erschienen Bachmaier und die Männer vom MK1. Doch auch Lembke, Meinhart und Berger, die Polizeireporter der *Abendzeitung*, der *tz* und der *Bildzeitung*. Die drei erkennen mich. Was passiert jedoch, als die Mörder am Montag in den Zeitungen lesen, daß der Journalist Klaus L. den Toten gefunden hat? Die Ganoven kriegen das große Hosenflattern, weil auch sie klug sind und wissen, daß Journalisten von Berufs wegen sehr neugierige Menschen sind. Also versuchen sie herauszufinden, wer dieser Klaus L. eigentlich ist...«
»...und wie haben sie das angestellt?« fragte Les.
»Ganz einfach«, antwortete ich, »sie haben bei Berger von der *Bildzeitung* angerufen und sich als Redakteure von der Abendschau des Bayerischen Fernsehens ausgegeben. Sie fragten nach mir, sagt Berger, weil sie mich für ein Interview in der Abendschau haben wollten.«

»Und woher weißt du das?« wollte Gaby wissen.
»Von Berger. Er hat mich angerufen und gefragt, ob es mir ein großes Abendessen wert sei, daß er mir einen Auftritt im Fernsehen verschafft habe.«
Ich lehnte mich wieder in den Sessel zurück, nachdem ich mir eine Zigarette angezündet und einen großen Schluck Bier getrunken hatte. Wir sahen uns fragend und ratsuchend an. Gabys Gesicht war schneeweiß und klein. Ihre Augen stachen unnatürlich groß daraus hervor. Les schaute mich voller Unbehagen an, als mache es ihm angst, so viel über die Betrugs- und Mordfälle zu wissen.
»Ich bin zwar Captain in der Kriminalabteilung der amerikanischen Militärpolizei«, sagte er, »aber direkt und aktiv helfen kann ich dir jetzt nicht. Ich kann dir nur den guten Rat geben, den ganzen Vorgang eurem höchsten Schadenboß und Kriminalrat Kupfer mit einer plausiblen Erklärung zu servieren und dann auf Tauchstation zu gehen, bis die Mordkommission den Fall geklärt und die Schuldigen festgesetzt hat.«
»Genau das wirst du tun, Klaus«, bekräftigte Gaby.
Genau das werde ich nicht tun, dachte ich, aber mir war nicht wohl dabei.

Mittwoch, 19. Januar
Nach einer kurzen Nacht, einem schweißtreibenden Schlaf voll wirrer und erschreckender Träume, saß ich bei meinem gewohnten Frühstück. Spiegelei auf Schwarzbrottoast und Kaffee. Ich blickte kauend auf die Uhr. Dreißig Minuten nach sechs. Normalerweise wälzte ich mich um diese Zeit noch tief schlafend in den Kissen. Die Informationen jedoch, die ich gestern zusammengetragen hatte, ließen mich nicht mehr zur Ruhe kommen. Ich grübelte und überlegte und kam zu keinem Ergebnis. Ich hatte einfach keine Lust, die Unterlagen an Kriminalrat Kupfer weiterzugeben, ihm den Mordfall Rucker sozusagen auf einem Silbertablett zu servieren. Gleichzeitig jedoch hatte ich, das gestand ich mir offen ein, ganz einfach Angst. Die Bande hatte bereits drei Menschen getötet, um unerkannt ihren großangelegten Versicherungsbetrügereien nachgehen zu können. Was ich bisher an Material gesammelt hatte, schien mir nur die Spitze eines Eisberges von Beweisen für diese Betrügereien zu sein. Wenn die Gangster nur den geringsten Verdacht schöpften, daß ich eine zwar kleine, aber für sie vernichtende Sammlung von Beweisen für ihre Betrügereien und Morde in der Hand hatte, würden sie sicher kurzen Prozeß mit mir machen. Im Visier hatten sie mich bereits, das bewies der

Säureanschlag. Und da war noch ein Problem. Ganz abgesehen davon, daß ich einen Mord aufgedeckt hatte, war die Versicherung, für die ich arbeitete, betrogen worden. Es war eigentlich meine Pflicht, die Geschäftsleitung, also den Vorstand, über diese Tatsache zu informieren. Würde ich dies jedoch jetzt tun, so könnte ich mich gleich beerdigen lassen. Meine Informationen würden eine Maschinerie in Gang setzen, die zwar perfekt, aber leider etwas schwerfällig funktionierte. Der Vorstand würde Anzeige erstatten, andere Versicherungen würden sich anschließen. Der Zentralcomputer beim Verband der Autoversicherer in Hamburg würde Policennummern ausspucken, Schadensnummern, technische Daten von Autos, Fahrgestellnummern, Motornummern, Unfalltypenbezeichnungen, chiffrierte Unfallhergänge, Schadenzahlungen, Namen von Schädigern, Namen von Geschädigten, Ortsnamen, Straßennamen, Typklassen, Schadenfreiheitsrabattklassen, Höhe der Haftpflichtversicherungssumme, Höhe der Vollkaskoversicherungssumme. Die Staatsanwaltschaft würde bei den Versicherungsgesellschaften die entsprechenden Schadenakten sicherstellen und beschlagnahmen. Dann würden die Ermittlungen beginnen. Rachsüchtige, zu allem entschlossene Verbrecher würden bei der Schwerfälligkeit dieses Apparates durch die Maschen des Fahndungsnetzes schlüpfen und sehr bald herausfinden, daß ich der Initiator dieser für sie so geschäftsschädigenden Aktion gewesen war. Bei den heutigen Möglichkeiten des polizeilichen Personenschutzes konnte ich mir dann genau ausrechnen, wann ich friedlich auf dem schönen Münchner Ostfriedhof schlummerte, zugedeckt von drei Kubikmeter besten Obergiesinger Humus.
Angewidert schob ich Teller und Tasse von mir und zündete mir eine Zigarette an. Verdammt noch mal, hatte ich mich in eine üble Situation manövriert. Gestern abend, als ich Gaby und Les so triumphierend von meinen Erfolgen erzählte, war mir all dies noch gar nicht richtig zu Bewußtsein gekommen. Ich überlegte weiter und kam zu dem Schluß, daß mir gar nichts anderes übrigblieb, als mit Bachmaier zu sprechen, ihn ins Vertrauen zu ziehen. Doch nicht als Polizisten, sondern als Privatmann und Freund. Aber ließ sich das so einfach trennen? Ich blickte noch einmal auf die Uhr. Die Zeiger waren um eine halbe Stunde weitergerückt. Sieben. Ich schlurfte zum Radio und stellte die Morgennachrichten an. Während ich der unpersönlichen Stimme zuhörte, die in schlagzeilenartigen Formulierungen miese Neuigkeiten verkündete, zog ich mich an. Dicke, dunkelgraue Flanellhosen, hellblaues Oxfordleinenhemd, grünblau gestreifte Wollkrawatte, dunkelblaues Cordsamtjackett. Als der

Sprecher den Wetterbericht verlas und keine Änderung des trockenkalten Winterwetters, besser gesagt der Kältewelle mit Nachttemperaturen unter zwanzig Grad minus und Tageshöchsttemperaturen von kaum über zehn Grad minus ansagte, stieß ich einige saftige bayerische Flüche aus, und da ich auch literarisch gebildet bin, zitierte ich abschließend den populären Goethe. Ich zwängte mich in einen pelzgefütterten Ledermantel und streifte mir pelzgefütterte Handschuhe über. Diese sibirisch anmutende Vermummung krönte ich mit einer Pelzmütze und machte mich auf den Weg, die paar hundert Meter die Leopoldstraße hinauf zu »meinem Versicherungspalast«, den ich hoffte, ohne ernsthafte Erfrierungen zu erreichen. Ich war erstaunt, als ich vor dem Spiegel im Garderobenteil meines Büroschrankes keine der typischen weißen Flekken im Gesicht entdeckte, die auf Frostschäden hindeuten. Als ich darauf vergnügt vor mich hinpfeifen wollte, mußte ich feststellen, daß meine Lippen nicht mitmachen wollten. Ich war eben doch noch nicht lange genug im warmen Zimmer. Ich hatte mich gerade hinter meinem Schreibtisch niedergelassen, als meine Sekretärin ins Zimmer trat.

»Ist die Sonderarbeit von gestern erledigt?« fragte sie schnippisch.

»Ja, warum?« brummte ich zurück.

»Hier müßte nämlich auch einmal wieder etwas getan werden«, fuhr sie ungerührt fort und legte mir einen Stapel Briefe, Akten, Notizen, Anfragen etc. auf den Tisch.

»Ist gut«, brummte ich weiter, »lassen Sie's hier.«

Hüftschwenkend schaukelte sie zur Tür hinaus.

Ich hatte die letzten beiden Tage in der Tat nichts getan, um meinen Laden am Laufen zu halten. Konzentriert machte ich mich über den Wust Papier her. Drei Stunden lang diktierte ich Briefe, schrieb Aktennotizen, beantwortete Anfragen, redigierte Pressetexte und schrieb einen Kommentar für unsere Hauszeitschrift über verschiedene Zeitungs- und Zeitschriftenartikel, in denen die Versicherungen nicht gerade freundlich behandelt wurden.

Endlich hatte ich den letzten Vorgang erledigt. Zufrieden lehnte ich mich in den Stuhl zurück und zündete mir eine Zigarette an. Und da war sie wieder, die Angst, die Panik, aber auch das Jagdfieber. Ich griff mir das Telefon und wählte Bachmaiers Nummer. Er war sofort am Apparat. Nachdem wir die üblichen Begrüßungsfloskeln gewechselt hatten, fragte er: »Also, was gibt's? Soll ich vielleicht wieder etwas für Sie tun? Haben Sie ausnahmsweise mal etwas für mich? Spannen Sie mich nicht auf die Folter. Schießen Sie los.«

»Bachmaier«, sagte ich drängend, »ich muß Sie unbedingt persönlich sprechen. Es ist wichtig und streng vertraulich. Mehr will ich am Telefon nicht sagen.«
Bachmaier kannte mich. Er wußte daher, daß ich nicht der Typ war, der aus einer Mücke einen Elefanten machte. Er pfiff durch die Zähne und sagte, ohne eine weitere Erklärung zu verlangen: »Okay, ich komme gleich zu Ihnen nach Schwabing runter. Dann können Sie Ihr Geheimnis loswerden. Anschließend können wir vielleicht zusammen essen gehen.«
»Einverstanden«, sagte ich und warf den Hörer auf die Gabel. Ich war erleichtert. Das fiebrige Gefühl der Angst ließ etwas nach. Ich holte eine Kopie meines Berichtes aus dem Schreibtisch und ergänzte ihn handschriftlich. Für Bachmaier formulierte ich kurz und präzis den Hergang des Säureanschlags auf mich und mit welchem Trick die Gangster mich identifiziert hatten. Ich legte gerade den Kugelschreiber beiseite und zündete mir eine Zigarette an, als meine Sekretärin Bachmaier anmeldete. Im pelzgefütterten Ledermantel stapfte er in mein Büro und brachte einen gehörigen Schwall nach Polarkreis riechender Kälte mit herein. Mit geschmeidigen Bewegungen schälte er seine kräftige, untersetzte Gestalt aus dem Pelz, den er an einen Haken an der Tür hängte. Cordhosen und ein dicker Rollkragenpullover unterstrichen die Untersetztheit seiner Figur. Bachmaier strahlte Kraft, Sicherheit und Ruhe aus. Genau alles das, was ich von mir nicht behaupten konnte. Wir schüttelten uns kräftig die Hand. Bachmaier glitt auf den Stuhl, der meinem Schreibtisch gegenüberstand.
»Also?« fragte er, mich forschend anblickend.
»Kaffee oder Scotch?« fragte ich zurück.
»Kaffee, bitte«, forderte Bachmaier.
»Gerne.« Ich schob ihm meinen Bericht über den Schreibtisch.
»Fangen Sie schon an zu lesen, der Kaffee kommt gleich«, sagte ich, stand auf, steckte den Kopf durch einen Türspalt ins Arbeitszimmer meiner Sekretärin und bat sie, uns Kaffee zu bringen. Bachmaier hatte bereits begonnen, den Bericht zu lesen. Als ich ihm eine Packung Zigaretten über die Tischplatte zuschob, blickte er mich mit zusammengekniffenen Augen kritisch an. Wir steckten die Zigaretten an; meine Sekretärin brachte den Kaffee. Als sie sich anschickte, mein Zimmer zu verlassen, bat ich sie: »Stellen Sie das Telefon um. Ich bin jetzt bis zur Mittagspause für niemanden zu sprechen. Wir wollen auf keinen Fall gestört werden.«
»Wird gemacht«, sagte sie, »ich wimmle jeden ab, und wenn der Bundespräsident persönlich am Telefon sein sollte.«

Bachmaier las konzentriert Seite für Seite, zog an seiner Zigarette, trank ab und zu einen Schluck Kaffee. Ich beobachtete ihn, ganz besonders sein Mienenspiel. Seine Miene wurde erst verschlossen, dann düster, schließlich zeigte sie Spuren von Grimm. Er biß die Zähne zusammen. Seine Kaumuskeln traten als dicke Knoten unterhalb der Koteletten hervor. Ich glaubte, seine Zähne knirschen zu hören. Seine Körperhaltung war gespannt, und zwar so, als wolle er gleich jemandem an die Kehle fahren. Dann hatte er den Bericht zu Ende gelesen. Er warf den Aktendeckel vor sich auf den Schreibtisch und lehnte sich zurück. Die Spannung wich aus ihm, dennoch strahlte er grimmige Entschlossenheit aus.
»Jetzt vielleicht einen Scotch?« fragte ich mit harmloser Stimme und warf ihm einen arglosen Blick zu. Bachmaier vermochte nur noch wortlos zu nicken. Er schluckte. Ich sah ihm an, daß er sich einige kräftige Flüche verkniff. Ich ging zum Schrank und goß uns einen steifen Whisky ein. Nachdem er einen kräftigen Schluck getrunken hatte, begann er: »Wenn Sie, Lambert, ein Polizist wären, würde ich Ihnen jetzt bescheinigen, daß Sie ausgezeichnete Arbeit geleistet, logisch gedacht, richtig kombiniert haben. Als Pressemann einer Versicherung jedoch haben Sie sich hiermit eine zwischen zwei Aktendeckel eingebundene Bombe zusammengebastelt. Und die kann jederzeit explodieren. Dann jedoch gehen nicht nur die Mörder hoch, sondern auch Sie, mein verehrter Chef, Kriminalrat Kupfer, meine Wenigkeit und das gesamte MK1. Dazu, fürchte ich, werden die Schadenchefs einiger Versicherungen unangenehme Tage verleben. Menschenskind, Lambert, wissen Sie eigentlich, daß Sie damit Kupfer und mich so in die Pfanne hauen können, daß ich möglicherweise wieder bei der Verkehrspolizei lande und Kupfer in irgendeiner staubigen Stube Akten sortiert!«
»Geschenkt«, sagte ich und gewann Oberwasser, »der Bericht gehört Ihnen. Ich mache jedoch zur Bedingung, daß ich für Sie aus dem Fall heraus bin. Es ist jetzt Ihre Sache, sich die Informationen, die Sie bereits haben, offiziell zu beschaffen. Sie werden das dem Kupfer schon beibiegen! Oder?« Bachmaier schluckte. Er war beschämt. Er tat mir leid.
»Nehmen Sie es nicht tragisch«, sagte ich, so harmlos wie möglich. »Das war ganz einfach ein Sonntagstreffer. Aber dabei habe ich mich, wie Sie sagen, gleichzeitig auf eine Bombe gesetzt. Und die sollen Sie für mich entschärfen. Stellen Sie sich vor, die Gangster kriegen Wind davon, daß ich den Fluß der Beweise gegen sie in Gang gebracht habe. Die wecken mich doch sauer ein, und zwar so, daß ich nicht mal mehr ne schöne Leiche abgebe.«

»Schiß?« fragte Bachmaier jetzt, fast genußvoll grinsend.
»Und wie«, gestand ich, »wenn ich ehrlich sein soll, so geht mir die Muffe eins zu hunderttausend.«
»Geschieht Ihnen ganz recht«, erwiderte Bachmaier, indem er mich Schadenfreude spüren ließ.
»Nun wieder im Ernst, Bachmaier«, stoppte ich ihn. »Zuerst dachte ich, ich sollte Ihnen meinen Bericht als dem Freund und Privatmann Bachmaier geben. Jetzt bin ich aber der Ansicht, daß Sie den ganzen Fall, so wie er sich entwickelt hat, als Polizist erhalten sollen. Ich glaube, es wäre Ihnen gegenüber unfair, zu verlangen, daß Sie die Informationen nicht verwenden dürfen.« Bachmaier reagierte in keiner Weise, als ich das sagte. Ich erkannte, daß er scharf nachdachte.
»Lambert, ich mache Ihnen jetzt folgenden Vorschlag: Ich nehme den Bericht als Kupfers Assistent und zweiter Mann des MK1 ganz offiziell entgegen. Daß Sie trotz unserer Warnung weiter recherchiert haben, das biege ich Kupfer schon bei. Wir werden behutsam und streng geheim in der von Ihnen eingeschlagenen Richtung ermitteln. Ich habe das Gefühl, daß hinter dem Buchberger noch ein größerer Boß steckt. Und den möchte ich haben. Wenn die Sache dann richtig läuft, treten wir an die Versicherungen wegen der Schadenakten heran. Damit sind Sie dann auch Ihrem Vorstand gegenüber aus dem Schneider, denn Ihren Bericht gibt's ja gar nicht. Sie haben den toten Rucker gefunden und damit basta. Aber nun sind Sie ein für allemal aus dem Fall heraus!«
»Ich weiß nicht recht...«, versuchte ich einzuwerfen.
»Ich weiß nicht recht«, äffte Bachmaier mich nach. »Lambert, alter Dickkopf, sehen Sie denn nicht, daß mein Vorschlag die einzige richtige Lösung für Sie ist?«
»Natürlich, Bachmaier, ich bin Ihnen ja auch dankbar, daß Sie mir aus dieser Scheiße helfen, in die ich direkt hineingeraten bin, ohne erst in den Regen und die Traufe gekommen zu sein. Aber die Autoreparaturwerkstatt Buchberger hätte ich mir schon sehr gerne einmal angesehen. Journalistenneugier, verstehen Sie«, grinste ich Bachmaier freundlich an. Der grinste zurück, einige Grade weniger freundlich. Doch dann sagte er: »Meinetwegen, aber seien Sie vorsichtig. Bis wir soweit sind, daß ich vom Staatsanwalt einen Durchsuchungsbefehl für Buchbergers Laden erhalte, kann noch einige Zeit vergehen. Vielleicht können Sie etwas herausfinden, was meine Theorie stützt, daß hinter Buchberger noch ein größerer Boß steckt. Aber sollte etwas schiefgehen, ich kann Sie nicht decken. Es ist also einzig und allein Ihr Risiko.«

»Sicher, allein mein Risiko«, bestätigte ich, »aber ich werde Les bitten, mitzumachen, der ist'n Profi.«
»Das wär prima«, meinte Bachmaier, »Sie sind zwar gar nicht schlecht, wenn's ums Denken und Kombinieren geht. Wenn's aber handgreiflich wird, wenn ein Gegner auf die Matte gelegt werden muß, ist es sicher besser, Sie sind nicht allein.«
»Klar«, sagte ich und hob die Stimme um eine Tonlage, »ich war schon immer ein Schwächling. Ich habe mich auch in der Schule schon äußerst ungern geprügelt, sondern die anderen Jungs nur immer von hinten angespuckt.«
Bachmaier grinste wieder sein spöttisches Grinsen: »Machen Sie's halblang, Lambert, ich meine es doch nur gut mit Ihnen. Ich habe Sie doch schon einmal gesehen, als Sie gegen ein paar Ganoven nur die Silbermedaille gewannen. Sie sahen danach aus, als hätten Sie einen Zusammenstoß mit einem Panzer gehabt.«
Mit diesen Worten erhob sich Bachmaier und bat mich um einen Umschlag für die Bombe im Aktendeckel. Ich reichte ihm einen. Er steckte den Bericht in den manilafarbenen Umschlag und griff nach seinem Mantel. Ich holte den meinen aus dem Schrank.
»Wir essen im Hahnhof. Einverstanden?« fragte ich.
»Einverstanden«, sagte er.

Nach dem Mittagessen mit Bachmaier, wir hatten Leberknödelsuppe, fränkische Bratwürste auf Weinkraut und Kartoffelpüree gegessen und Frankenwein dazu getrunken, saß ich wieder an meinem Schreibtisch. Ich rauchte eine Zigarette und trank heißen, starken Kaffee. Ein Gefühl der Erleichterung hatte sich nach meinem Gespräch mit Bachmaier eingestellt. Jetzt hatte ich dazu den Bauch voll gutem Essen und Wein. Wohlige Zufriedenheit überkam mich. Vor diesem Hintergrund stiegen mein Mut und meine Unternehmungslust. Ich beschloß, der Autoreparaturwerkstatt Buchberger heute abend einen Besuch abzustatten. Ich wollte versuchen, weitere Beweise für die Versicherungsbetrügereien zu finden, und vielleicht auch einen Hinweis, der Bachmaiers Vermutung vom großen Boß über Buchberger bestätigte. Ich überlegte, wie ich dies am besten anstellen konnte. Klar, Les mußte helfen. Ich griff zum Telefon und wählte seine Dienstnummer.
»Military Police, Investigation Section, Captain Ransome speaking«, meldete er sich militärisch korrekt wie immer.
»Hallo, Les! Ich bin's, Klaus.«

»Hi buddy«, sagte er und fragte dann weiter, »hast du mit Bachmaier gesprochen und die Angelegenheit geklärt?«
»Alles in Butter«, antwortete ich, »Bachmaier fühlt sich gebauchpinselt, weil ich ihn ins Vertrauen gezogen habe. Er will meinen Bericht sogar Kupfer unterjubeln, und zwar so, daß er mir nicht an den Karren fährt.«
»Dein Wort in Gottes Ohr«, sagte Les, »aber um mir das mitzuteilen, deshalb hast du mich doch sicher nicht angerufen, oder?«
»Nein, Les. Du mußt mir einen Gefallen tun.«
»Aha«, meinte er sarkastisch, »der große Detektiv kommt nicht weiter oder hat die Hosen wieder einmal gestrichen voll. Und nun muß der gute Onkel Tom wieder herhalten. Schicksal meiner Rasse, die Dreckarbeit machen immer die Nigger.«
»Mach's halblang, Les«, sagte ich ernst, »du weißt genau, daß ich weder Dreckarbeit noch sonst irgendwelche krumme Touren von dir verlange.«
»Okay, okay«, brummte er, »sollte nur ein Scherz sein.«
»Also, Les, paß mal auf. Ich möchte mich heute abend in der Autoreparaturwerkstatt dieses feinen Herrn Buchberger umsehen. Dazu muß ich wissen, wie ich ohne großen Tamtam in die Büros dieses Ladens komme.«
»Und was soll ich dabei?« unterbrach er mich.
»Du sollst heute nachmittag hingehen und dich unter dem Vorwand, daß du einen Termin und einen Kostenvoranschlag für eine umfangreiche Wartung deines Ford Mustang haben willst, dort unauffällig umsehen. Wir treffen uns um halb sieben im Leopold zum Abendessen. Dabei erzählst du mir von deinen Beobachtungen. Ich sage dir dann im Detail, was mit Bachmaier gelaufen ist.«
»Gut. Buchbergers Betrieb ist doch in der Kurfürstenstraße?«
»Genau!«
»Also dann bis halb sieben im Leopold.«
»Servus und danke. Moment, eines noch. Halte dir den Abend frei. Ich meine, wir sollten nach meinem Besuch bei Buchberger noch zu Gaby rausfahren.«
»Mach ich, bye.«
Nach diesem Gespräch rief ich Gaby an. Ich bat sie, auf Les und mich zu warten, wir würden spätestens um elf bei ihr sein. Ohne eine Frage nach dem Warum zu stellen, sagte sie sofort zu. Ich gab ihr einen langen Kuß durchs Telefon und warf den Hörer auf die Gabel. Ein Blick auf die Uhr

sagte mir, daß ich noch etwa gute drei Stunden für die Arbeit zur Verfügung hatte, für die ich eigentlich bezahlt wurde. Da ich mir ungern etwas schenken lasse oder nassauere, legte ich mich ordentlich ins Zeug. Bis Viertel nach sechs hatte ich eine Pressenotiz über die Verhütung von Wasserschäden im Haushalt und einen Artikel für die Mitarbeiterzeitschrift über Sinn und Zweck der betrieblichen Altersversorgung geschrieben. Dazu hatte ich noch eine Menge Routinekram bewältigt. Zufrieden lehnte ich mich in meinem Stuhl zurück und zündete mir eine Zigarette an. Dem abziehenden Rauch nachblickend, stellte ich fest, daß ich mir für heute meine Brötchen eigentlich verdient hatte.

Ich hatte gerade den ersten Schluck aus meinem Weißbierglas getrunken, als Les die Gaststätte Leopold betrat.
»Servus, Klaus«, begrüßte er mich.
»Hi buddy«, begrüßte ich ihn.
»Mensch, diese Kälte läßt einen fast auf Liliputanerformat schrumpfen«, sagte er und rieb sich die Hände. »Jetzt brauch ich erst einmal einen Schnaps, damit ich wieder sicher bin, in München zu sein und nicht am Nordpol.«
Während wir weiter mehr oder weniger treffende und witzige Bemerkungen über die derzeit herrschende Kältewelle machten, hatte die Kellnerin zwei doppelstöckige Enzian gebracht und wir das Essen bestellt. Die Kellnerin brachte es; schweigend verzehrten wir Mockturtle-Suppe, gebackenes Kalbsbries mit Salat und einen scharfen Gorgonzola mit Weißbrot. Als wir frisch gefüllte Biergläser vor uns stehen hatten und die Zigaretten brannten, begann Les:
»Wie besprochen war ich also heute am späten Nachmittag in der Autoreparaturwerkstatt Buchberger. Ich ließ mir ein Angebot für eine Generalüberholung meines Ford Mustang anfertigen. Dabei hatte ich Gelegenheit, mich in der Reparaturannahme, dem Büro und auch in der Werkstatt umzusehen. Der Betrieb macht einen ausgezeichneten Eindruck. Die Leute in Büro und Werkstatt, ich konnte das richtig spüren, sind mit Freude bei der Arbeit. Die Räume, obwohl in einem Altbau, sind modernisiert, hell und aufs beste ausgestattet, das gilt auch für die Werkstatt. Blitzsauber.«
»Gut«, sagte ich, »das ist der optische Eindruck gewesen. Welchen Eindruck machte der Buchberger auf dich?«
»Der Buchberger«, fuhr Les fort, »ist eine fast einsneunzig große Type, aber so dürr, daß man glaubt, man hört ihn klappern, wenn man neben

ihm geht. Er macht auf den allerersten Blick gar keinen üblen Eindruck. Allerdings hat er etwas Raubvogelartiges an sich. Bei verschiedenen Bewegungen und seiner abgehackten Art zu sprechen mußte ich unwillkürlich an einen bösen alten Geier denken.«

»Hältst du ihn für fähig, drei Morde begangen zu haben?«

»Ich weiß nicht«, meinte Les, »aber ich kann mich täuschen. Rein vom ersten Eindruck her halte ich eher einen anderen Kerl für fähig dazu ...«

»Wen denn?« unterbrach ich ihn erstaunt.

»Während ich mit Buchberger zuerst im Büro und danach in der Werkstatt sprach, schlich dauernd ein mittelgroßer, kantiger, hart aussehender Typ um uns herum, der manchmal krächzende Rachen- und Kehllaute ausstieß. Offenbar Buchbergers Wachhund und Faktotum. Als ich eine erstaunte Bemerkung machte, erklärte mir Buchberger, der Mann sei stumm; gebürtiger Russe, inzwischen eingebürgert, namens Wladimir Kowalenko. Im Zweiten Weltkrieg sei dieser ein sogenannter Hiwi, ein russischer Hilfswilliger bei der deutschen Armee gewesen. Er, Buchberger, habe ihm 1945 beim Rückmarsch das Leben gerettet und seitdem sei er ihm praktisch nicht mehr von der Seite gewichen.«

»Also, wenn Buchberger diesem Kowalenko sagt, geh hin und leg diesen schwarzen Mustangfahrer um, dann grunzt der bloß und dreht dir den Hals um?« fragte ich.

»Waaas?« rief Les laut. Als sich die an den Nebentischen Sitzenden nach uns umdrehten, fuhr er in normaler Lautstärke fort: »So ungefähr wird's wohl sein.«

»Sei's drum«, sagte ich, »der Buchberger steckt bis an beide Ohren in den Betrügereien, das können wir beweisen. Hältst du ihn für den Boß des Ganzen?« schloß ich.

Les zuckte die Schultern.

»Okay«, fuhr ich fort, »und wie stelle ich es deiner Meinung nach an, unbemerkt in den Laden zu kommen?«

»Das ist einfacher, als du denkst«, sagte Les. »Büroräume sowie Tankstelle sind im Vorderhaus, also an der Kurfürstenstraße. Die Werkstatt ist ein ebenerdiger Anbau in den Hinterhof hinein. Sie dürfte etwa vier Meter hoch sein. Die Decke wird von einer Reihe verglaster Dachluken unterbrochen. Wenn du also versuchst, von einem Nebenbau auf das Dach der Werkstatt zu kommen, kannst du durch eine der Dachluken einsteigen. Von der Werkstatt aus dann in die Büros zu gelangen, dürfte kein Problem mehr sein.«

»Danke, alter Freund«, sagte ich.
»Zahl lieber das Essen«, brummte Les.
Ich rief die Kellnerin und beglich die Rechnung. Dann machten wir uns durch die klirrende Kälte auf den Weg in die Ungererstraße zu meinem Appartement im Fuchsbau. Es war Punkt acht, als ich die Tür zu meiner Wohnung aufschloß. Als Les seine pelzgefütterte Parka an den Garderobenhaken hängte, zog er eine Flasche Jack-Daniels-Bourbon-Whisky aus der weiten Innentasche. Grinsend hielt er sie mir entgegen.
»Prima Armeefusel! Steuerfrei. Aber nur für mich. Für dich ist es besser, du trinkst Kaffee, denn im besoffenen Zustand fällst du ja doch nur vom Werkstattdach und brichst dir sämtliche Knochen.« Er verschwand in der Küche. Ich hörte die Kühlschranktür aufklicken und wieder zuknallen. Les kam mit Whisky, Wasser und einer Schale mit Eisstücken ins Wohnzimmer. Anstelle des Whiskys trank ich Coke pur mit Eis. Ein seltener Drink für mich.
»Ich denke, du gehst um neun los. In zehn Minuten bist du drüben in der Kurfürstenstraße. Nehmen wir an, du brauchst fünfzehn Minuten, um in die Büroräume zu gelangen. Glaubst du, daß du in einer guten halben Stunde das findest, wonach du suchst?«
»Ich denke, ja«, sagte ich, »aber warum willst du denn das so genau wissen?«
»Seitdem ich diesen Russen Kowalenko sah, habe ich ein ungutes Gefühl. Der Bursche ist hart, gefährlich und dem Buchberger blind ergeben.«
»Mensch, Les, mal den Teufel nicht an die Wand«, stieß ich hervor. Plötzlich war meine Unbekümmertheit verflogen, das Jagdfieber wie weggeblasen. Was blieb, war Angst. Nackte, erbärmliche Angst. Die Eiswürfel im Cola klirrten an das Glas. Les sah mich forschend an. Ich schämte mich. Les tat so, als hätte er nichts bemerkt. Ich trank das Cola aus und goß einen steifen Bourbon über die verbliebenen Eisstücke. Ich leerte das Glas mit einem scharfen Ruck und atmete tief durch. Doch die Angst saß fest.
»Okay«, sagte Les, »wenn du also spätestens Viertel nach zehn nicht zurück bist, spurte ich hinüber und schau, wo du geblieben bist.«
»Willst du nicht lieber gleich mitkommen?« fragte ich vorsichtig.
»Oh, no, buddy«, sagte Les sofort, »was glaubst du, wenn ich als Captain der MP erwischt werde, wie ich in eine Reparaturwerkstätte einsteige, die ich ein paar Stunden vorher ausgekundschaftet habe?«
»Ja, aber, wenn du dann doch ...«, warf ich ein.
»Das ist etwas anderes. Ich komme dir dann zu Hilfe. Und wenn ich weiß,

daß du zum Beispiel widerrechtlich irgendwo festgehalten wirst, bin ich geradezu verpflichtet, dich herauszuhauen. Aber gleich mithingehen, no ...«

Ich blickte auf die Uhr. Kurz vor neun.

»Ich glaube, ich mache mich langsam fertig«, sagte ich.

»Tu das«, sagte Les und nahm einen Schluck Whisky.

Trotz der arktischen Temperatur weniger vor Kälte als vor Erregung zitternd, ging ich langsam an der Mauerfront in der Kurfürstenstraße vorbei, hinter der die Büroräume des Buchbergerschen Betriebs lagen. Es war ein Altbau, eingezwängt von zwei neuen Appartementshäusern. Wahrscheinlich konnte ich von beiden Hinterhöfen der Neubauten aufs Dach der Autoreparaturwerkstatt gelangen. Ich versuchte es im rechts gelegenen Haus. Die Eingangstür war natürlich verschlossen. Ich drückte einen der Knöpfe in der obersten Reihe auf dem Klingelbrett. Ohne Nachfrage durch die Sprechanlage begann der Türöffner zu summen. Glück gehabt. Ich drückte die Türe auf und sah mich im Dämmerlicht kurz um. Nach ein paar Stufen lag rechts die Tür zum Lift. Geradeaus begann das Treppenhaus. Linker Hand führten ein paar Stufen offenbar hinunter zur Hoftür. Auf leisen Sohlen eilte ich diese Treppen hinab und stand vor einer unverschlossenen Tür. Ich zog sie einen Spalt auf und spähte hindurch. Ich blickte auf einen dunklen Hinterhof, der auf seiner linken Seite von der Mauer der Buchbergerschen Werkstatt begrenzt war. Ich blickte die Hauswand hinter mir hinauf. Nur wenige Fenster zum Hinterhof. Offenbar handelte es sich bei den Räumen, deren Fenster zum Hinterhof gingen, um Schlafzimmer, Bäder und Toiletten. Die eisige, nach Staub, altem Gemäuer und Müll riechende Luft einatmend, blickte ich mich weiter um. An der Werkstattmauer standen unter einem blechernen Vordach eine Reihe überquellender Mülltonnen. Von dort aus konnte ich auf das Dach der Werkstatt gelangen. Um mich richtig bewegen zu können, hatte ich über warmer Skiunterwäsche alte Jeans, einen dicken Wollpullover und einen alten Anorak angezogen. An den Füßen trug ich fellgefütterte Lederstiefel mit dicken, weichen Kreppsohlen. Skihandschuhe und eine schwarze Wollmütze vervollständigten meinen Aufzug. In die Brusttasche des Anoraks hatte mir Les unter der Wohnungstür mit dem Wort »Anfänger« noch eine dünne Taschenlampe und einen kurzen, aber starken Schraubenzieher gesteckt. Ohne den geringsten Lärm zu machen, zog ich eine Mülltonne unter dem Vordach hervor. Ich stieg auf sie, erklomm das Vordach und lag dann nach einem

Klimmzug schwer atmend auf dem Werkstattdach. Einige Meter rechts von mir hoben sich die mattglänzenden Kunstglaskuppeln der Luken aus dem Blechdach. Auf Händen und Knien kroch ich auf eine in der Mitte der Reihe liegende Luke zu. Ich zwängte den Schraubenzieher zwischen Rahmen und Fensterfassung. Nach einigen bohrenden, drehenden und hebenden Bewegungen konnte ich die Finger meiner linken Hand zwischen die beiden Stahlränder schieben. Ich steckte den Schraubenzieher zurück in die Brusttasche des Anoraks. Mit der freigewordenen Rechten nachhelfend, zog ich den Lukendeckel nach oben. Mit den Beinen voran schob ich meinen Körper durch die quadratische Öffnung.
Regelmäßig zwei Halbe Bier mehr pro Tag in der vergangenen Biergartensaison und die Aktion bliebe in dieser Luke stecken, dachte ich, als ich meinen Körper mit einem leisen reißenden Geräusch des Anoraks durch den Stahlrahmen zwängte. Beide Hände um den Rand geklammert, hing ich durch die Luke in die Werkstatt. Ich holte tief Luft, löste die Hände vom Rand und ließ mich fallen. Mit einem schmatzenden Plumps landete ich auf dem Betonboden der Werkstatt, glitt aus und fiel zur Seite. Ich konnte den Sturz gerade noch mit der rechten Hand abfangen. Der Fall war tiefer hinuntergegangen, als ich gedacht hatte. Mühsam rappelte ich mich aus der Hocke hoch. Ich trat aus dem fahlen Lichtstreifen, den die Lukenreihe durch die Werkstatt zog. Es roch nach Schmieröl, Benzin und eisigem Metall. Meine Augen hatten sich inzwischen an das Dunkel gewöhnt, so daß ich Einzelheiten erkennen konnte. Auf jeder der beiden Längsseiten der Werkhalle waren vier Hebebühnen installiert. Hier konnte also gleichzeitig an acht Autos gearbeitet werden. Buchberger hatte hier einen Reparaturbetrieb von respektabler Größe. Plötzlich empfand ich die leeren Hebebühnen als ungewöhnlich. Entweder lief der Laden schlecht, oder das Tagespensum war heute exakt erledigt worden. Ich sah mich weiter um. In der linken Wand war ein großes zweiflügliges Tor, der Lage nach die Ausfahrt zur Kurfürstenstraße. Genau meinem Standort gegenüber, zwischen der zweiten und dritten Hebebühne, erblickte ich eine Eisentür. Sie mußte zu den Büroräumen führen. Doch zuerst ging ich auf die Flügeltür zu. Ich holte die Taschenlampe hervor, knipste sie an und ließ den dünnen Strahl über den Türrahmen wandern. Auf der rechten Seite, etwa in Augenhöhe, entdeckte ich an der Wand ein Schlüsselbrett, an dem einige kleinere sowie ein großer Schlüssel mit einem klobigen Anhänger baumelten. Ich griff mir diesen Schlüssel, steckte ihn ins Schlüsselloch der Ausfahrtstür und drehte ihn herum. Ich drückte die große kalte Klinke herunter und lehnte mich gegen den

Türflügel. Das Tor ließ sich öffnen. Leise zog ich die Tür wieder zu, ließ sie unversperrt und legte den großen Schlüssel in die äußerste Ecke der Werkstatt. Ich fühlte mich etwas erleichtert. Für den Fall des Falles hatte ich mir jetzt einen Fluchtweg geöffnet. Ich blickte auf die Uhr. Verdammt, die Zeit wurde knapp. Ich huschte auf meinen Kreppsohlen geräuschlos zur Eisentür. Sie war unverschlossen. Behutsam, weiter jedes Geräusch vermeidend, drückte ich sie auf und blickte in einen kleinen quadratischen Vorraum. Er war leer wie das Gerede eines Politikers. An seinem Ende lag eine Tür, rechts davon führte eine Treppe in den ersten Stock. Hinter dieser Tür mußten die Büros liegen. Auch sie war unverschlossen. Als ich die gutgeheizten Büroräume betrat, fühlte ich, wie mir der Schweiß aus allen Poren zu rinnen begann. Ich riß mir die Wollmütze vom Kopf und die Handschuhe von den Händen. Die Kleidungsstücke stopfte ich unter den Anorak. Schreibtische und Büroschränke waren nicht versperrt. Überall herrschte eine mustergültige Ordnung. Systematisch begann ich meine Suche. Mit sicheren Griffen durchsuchte ich Schreibtische und Schränke. Außer den üblichen Anfragen, Vordrucken, Formularen konnte ich nichts Auffälliges entdecken, bis ich einen Stapel Formulare durchblätterte. Da entdeckte ich die berühmt-berüchtigte Formularkombination der sogenannten Unfallhelfer, ein System, das sich ziemlich am Rande der Legalität bewegte und die Versicherungen Jahr für Jahr eine Menge Geld kostete. Es funktionierte so: Ein Autofahrer wird in einen Verkehrsunfall verwickelt, an dem ihn keine Schuld trifft. Noch an der Unfallstelle erscheint ein Abschleppwagen, kümmert sich um das Fahrzeug und schleppt es in die Werkstatt. Dort tritt der Geschädigte seine Forderungen gegen die Versicherung des am Unfall Schuldigen an eine Teilzahlungskreditbank ab, die die Reparaturkosten und einen Leihwagen vorfinanziert. Dazu unterschreibt der Autofahrer einen Kreditvertrag. Dem Rechtsanwalt, der noch mit im Bunde ist, erteilt er eine Prozeßvollmacht. Dieser nimmt dann mit der Versicherung des Schuldigen Kontakt auf, setzt die Ansprüche des Geschädigten, sprich der Teilzahlungskreditbank durch, kassiert Abschleppkosten, die Reparaturkosten, Kosten für den Leihwagen und für sich selbst ein saftiges Honorar. Daß dieses Verfahren wesentlich teurer ist als die normale Schadenregulierung durch die Versicherung, liegt auf der Hand. Ich blätterte die Formularkombination durch. Der Anwalt, auf dessen Namen die vorgedruckten Prozeß- und Regulierungsvollmachten lauteten, war Rudolf Strölinger. Jeder, der mit Versicherungen zu tun hat, kennt diesen Namen. Strölinger war einer der bekanntesten Anwälte für Straßenverkehrsrecht, und wer nach einem Verkehrsunfall seinen Schadenfall an dessen Kanzlei gab, konnte fast sicher sein, daß der Fall zu seinen Gunsten entschieden wurde. Und dieser Strölinger, durch dessen Kanzlei jährlich viele Millionen an Schadensummen liefen, arbeitete mit Buchberger zusammen. Das war allerdings in der Tat eine interessante Entdeckung. Ich blickte auf die Uhr. Zehn Minuten vor zehn. Ich mußte mich sputen, wollte ich Les nicht zum Eingreifen veranlassen. Ich verließ die Büros und trat hinaus auf den kleinen leeren Korridor. Im ersten Stock lag sicher das Büro von Buchberger. Dort mußten sich doch Unterlagen finden lassen, die weitere Beweise für die verbrecherischen Geschäfte dieses Herrn waren. Ich schritt die Treppe hoch und stand vor zwei Türen. Aufs Geratewohl öffnete ich die linke und trat so geräuschlos wie möglich in einen Raum, der durch das hereinscheinende Licht der Straßenbeleuchtung in einem hellen Dämmerlicht lag. Offenbar das Büro des Herrn Buchberger. Der Raum war mit einem dunklen Teppich ausgelegt, links eine Schrankwand, die volle Höhe einnehmend. Davor ein Schreibtisch, mit einem hochlehnigen Armsessel. An der rechten Wand, die von einer Tür in zwei ungleiche Teile getrennt wurde, stand eine Couch mit einem niederen Glastisch und zwei Sesseln. Rechts neben der Tür eine Anrichte, mit Flaschen bestückt. Ich schob den Armsessel am Schreibtisch beiseite, um besser an Schublade und Seitenfächer heranzukommen. Die Seitenfächer waren rasch durchgesehen, in der Schublade schließlich wurde ich fündig. Ich ertastete ein schmales Papierbündel. Kontoauszüge. Ich trat hinter dem Schreibtisch hervor ans Fenster. Im fahlen Neonlicht der Straßenbeleuchtung erkannte ich, daß es sich um Kontoauszüge verschiedener Banken handelte. Die Kontobewegungen zeigten nur Zugänge, meist fünfstellige Summen. Keine Abgänge. Die den Auszügen angehefteten Zahlungsabschnitte bewiesen, daß es sich um Gelder von Versicherungen handelte. Ich hatte gefunden, was ich suchte. Ich wischte mir den Schweiß von der Stirn, atmete tief ein und stopfte das Bündel Kontoauszüge in die breite Brusttasche des Anoraks. In dem Augenblick spürte ich einen Hauch von einem Luftzug und roch eine Spur warmen Zigarettenrauches. Ich schnellte herum, weg vom Fenster. Nach der halben Drehung sah ich einen länglichen Gegenstand auf mich zukommen. Instinktiv warf ich den rechten Arm schützend hoch. Ein mörderischer Hieb traf meine rechte Schulter. Mein rechter Arm fiel herunter. Wellen bösartigen Schmerzes liefen durch meinen Körper. Ich wollte fliehen, aber ich stand eingekeilt zwischen Schreibtisch und Fenster. Ehe ich eine weitere Abwehrbewegung mit dem linken Arm machen konnte, warf mich ein klatschender

Faustschlag gegen den linken Kiefer an den Schreibtisch. Mein rechter Arm baumelte gefühllos herab. Ehe ich mich vom Schreibtisch abstoßen konnte, traf mich ein Schlag mit dem länglichen Gegenstand am Haaransatz über der linken Schläfe. Ich kippte nach der Seite weg auf den dunklen Teppich zu. Und als ich glaubte, auf ihm aufzuschlagen, fiel ich durch ihn hindurch in eine bodenlose, unendliche Schwärze.

Ich segle durch pechschwarze Wolken auf einen weit entfernten schmalen, hellen Streifen zu. Die Schwärze verliert sich, wird zum tiefen Grau. Der Farbton wird stufenlos heller, der helle Streifen wird breiter, rückt näher. Konturen erscheinen, werden Materie, drängen, drücken sich gegen mich, erhalten Gewicht. Aus Gewicht wird Schmerz, dieser verdichtet sich, bringt Bewegung in meinen Körper, läßt mich stöhnend die Augen öffnen. Ich blicke in das schweißbedeckte, abgehetzte, besorgte Gesicht von Les, der mir mit Handfläche und Handrücken leicht gegen beide Wangen schlägt.
»Komm hoch, Junge«, höre ich ihn sagen und spüre, wie ich hochgezogen und auf die Füße gestellt werde. Doch als Les mich losläßt, breche ich sofort wieder in die Knie. Les bugsiert mich in den Schreibtischsessel, zieht eine flache Flasche aus der Tiefe seiner Parka und setzt sie mir an die Lippen. Ich trinke. Der Whisky brennt durch Mund und Kehle die Speiseröhre hinunter und fällt wie ein Bleiklumpen in meinen Magen. Ich muß einige Male schlucken, um den Schnaps im Magen zu halten. Wellen von Schmerz und Übelkeit jagen durch meinen Körper, der naß von Schweiß ist. Ich nehme noch einen langen Schluck aus der flachen Flasche. Die Schmerzwellen brechen sich, die Nebel vor den Augen verschwinden. Langsam sehe ich klar, werde wieder ich selber. Les zieht mich hoch und keucht: »Jetzt aber weg von hier.« Wir stolpern die Treppe hinunter, taumeln durch die Werkstatt, durch das offene Tor hinaus auf die Hohenzollernstraße. Neben einer Zapfsäule an der Tankstelle heult ein Motor auf. Ein Ford Capri macht einen Satz nach vorn und verläßt mit schrill quietschenden Reifen die Ausfahrt hin zur Straße.
»Ich habe deinen Wagen dort vorne stehen«, sagte Les und zog mich auf die andere Straßenseite.
Da saßen wir nun in meinem Golf, mit dem Les in die Kurfürstenstraße gekommen war. Ich keuchte, als hätte ich eine Million Kilometer im Spurt bewältigt. Les sog die Luft scharf durch die Zähne ein und betupfte sich die Lippen mit einem Taschentuch, auf dem dunkle Flecken immer größer wurden. Les nahm die flache Taschenflasche, trank einen kräftigen

Schluck und spülte ihn mit einem gurgelnd-schmatzenden Geräusch durch den Mund. Sein Gesicht war schmerzverzerrt.
»Brennt wie Feuer, der Fusel«, sagte er. »Wahrscheinlich habe ich eine Platzwunde innen in der Wange.«
»Wieso Platzwunde?« fragte ich dümmlich und schüttelte meinen schmerzenden Kopf.
Ich hatte das Gefühl, daß er inzwischen auf die Größe eines Kürbis angeschwollen war und eine Tonne wog.
»Dieser Kowalenko hat mir ein ganz ordentliches Ding verpaßt«, begann Les. »Also, um zehn, wie vereinbart, als du nicht zurück warst, machte ich mich auf den Weg. Ich schnappte mir deinen Wagen, um ja keine Sekunde zu verlieren. Durch das Haus rechts neben der Tankstelle kam ich auf den Hinterhof. Von dort stieg ich auf das Dach der Reparaturwerkstatt. Als ich die offene Luke sah, wußte ich, welchen Weg du genommen hattest. Ich ließ mich durch diese Luke gleiten. In dem Augenblick, als ich langgestreckt hing und mich fallen lassen wollte, wurde ich an den Beinen gepackt und heruntergezogen. Kaum hatten meine Füße den Boden berührt, als ich einen rechten Schwinger einfing, der mich einige Meter zurückwarf. Der Kerl, es war Kowalenko, war sofort wieder über mir. Nur mit allen Tricks, Haken und Ösen, die mich in Vietnam überleben ließen, konnte ich mir den Kowalenko vom Leibe halten und schließlich ganz stillegen. Offenbar nicht lange genug, denn er ist gerade in dem Ford Capri abgehauen. Der Bursche muß durch und durch aus Kruppstahl sein, denn die Dinger, die ich ihm verpaßte, hätten auch einen Zerstörer versenkt. Als Kowalenko endlich flach lag, raste ich durch Werkstatt und Büros, bis ich dich schließlich oben in Buchbergers Büro fand. Hast du Kopfschmerzen?«
»Ja.«
»Did you puke, ich meine, hast du gekotzt?«
»Nein.«
»Dann ist's nicht schlimm, keine Gehirnerschütterung. Hast du etwas entdeckt?«
»Ja«, sagte ich und tastete nach der Brusttasche meines Anoraks. Sie war natürlich leer. Das Bündel Kontoauszüge war verschwunden.
»Was war es denn, was hast du gefunden?« drängte Les.
»Ein Bündel Kontoauszüge verschiedener Banken, die alle einen sechsstelligen Kontostand, fünfstellige Zugänge – Zahlungen von Versicherungen –, aber keine Abbuchungen aufwiesen. Dazu noch den Hinweis darauf, daß einer der bekanntesten Verkehrsstrafrechtler Deutschlands mit Buchberger zusammenarbeitet.«

Les versuchte durch die Zähne zu pfeifen. Durch seine verschwollenen Lippen klang es jedoch nur wie ein mattes Winseln.
»Das ist ne ganze Menge«, meinte er. »Bachmaier wird sich freuen, besonders, wenn du ihm die Namen der Versicherungen gibst, die du auf den Zahlungsabschnitten auf den Kontoauszügen gelesen hast. Dann hat er nämlich einen Ansatzpunkt, von dem aus er ganz unverfänglich an die Sache herangehen kann.«
»So ist es«, nickte ich, »auf ein paar dieser Namen bin ich bei meinen Recherchen im Büro im Erdgeschoß schon gestoßen. Doch nun kann die Information für die Polizei nicht mehr aus meiner Versicherung, sondern von einer anderen Gesellschaft stammen. Und ich bin die Sorgen mit dem Vorstand meines Unternehmens los.«
»Prima«, sagte Les und versuchte ein Grinsen. Es wurde nur eine Grimasse.
»Genug geredet«, meinte ich und holte Zigaretten aus der Tasche.
»Laß uns jetzt zu Gaby fahren.«
»Okay«, brummte Les und stieß den Zigarettenrauch in langen Fahnen durch die Nasenlöcher aus.
Rauchend vor uns hinsinnend, fuhren wir auf der Ungererstraße hinaus nach Freimann. Ohne Hast steuerte ich den Golf durch den spärlichen Spätabendverkehr. Ich blickte auf die Uhr am Armaturenbrett. Sie zeigte zwanzig Minuten vor elf. Wir unterquerten am Frankfurter Ring die Autobahn nach Nürnberg und gelangten auf die Situlistraße, von dort auf die Freisinger Landstraße. Die Verkehrsampel an der Floriansmühlstraße, in die wir rechts einbiegen mußten, sprang auf Rot. Ich ließ den Golf leicht bremsend ausrollen und betätigte den rechten Blinker. Als der Wagen vor der Ampel zum Stehen kam, hörte ich plötzlich ein scharfes Plopp. Die rechte Seitenscheibe und die Frontscheibe zeigten Spinnwebenmuster.
»Runter«, brüllte Les und riß mich an der rechten Schulter nach unten, so daß ich mit dem Kopf auf die Mittelkonsole knallte. Kaum waren wir unten, ertönte ein erneutes Plopp. Glassplitter rieselten uns in die Haare. Ich sah schräg nach oben blickend, daß die linke Sonnenblende vor der zerborstenen Windschutzscheibe baumelte. Ich versuchte, hochzukommen, doch Les hielt mich am Nacken fest.
»Bleib unten, Mann, oder willst du dir das Hirn wegblasen lassen!«
Nach diesen Worten stieß er die rechte Tür auf und glitt wie ein Panther auf dem Raubzug aus dem Wagen.
»Jetzt hau ab«, zischte er noch, bevor er die Tür von außen zudrückte.

Ohne zu denken, wie ein Roboter auf Befehl handelnd, schob ich mich, so rasch ich konnte, in dem Sitz hoch, drückte die Kupplung, hieb den ersten Gang rein und bog mit aufjaulenden Pneus in die Floriansmühlstraße ein. Ich war noch keine zweihundert Meter gefahren, als mich ein Gefühl ungeheurer Beschämung fast aufheulen ließ. Ich hatte mich aus dem Staub gemacht und Les im Ziel des Mordschützen liegen lassen. Mein rechter Fuß stieß auf das Bremspedal. Der Golf kam schlingernd am Straßenrand zum Stehen. Schreck, Panik, Angst und Scham waren plötzlich von mir abgefallen. Ich stieg aus und blickte in die einsame Straße zurück. Stille. Kein Mensch, kein Fahrzeug war zu sehen. Ich spurtete die kurze Strecke zur Ampel zurück. Auch hier kein Mensch, kein Fahrzeug. Von Les keine Spur. Plötzlich hörte ich Les rufen.
»He, Klaus, hierher!«
Wieder blickte ich um mich. Hinter dem Maschendrahtzaun, der das an der Ecke Freisinger Landstraße/Floriansmühlstraße gelegene Grundstück eines Gebrauchtwagenhändlers einzäunte, erspähte ich die schmale dunkle Gestalt von Les. Er winkte mit beiden Armen. »Hierher, Klaus«, rief er noch einmal.
Ich zog mich an dem schwankenden, mannshohen Maschendrahtzaun hoch und ließ mich drüberrollen. Auf Händen und Knien landete ich auf der anderen Seite. Les war schon bei mir und zog mich hoch. Sein verschwollenes Gesicht war grau, seine Züge wild verzerrt. Seine Augen waren weit aufgerissen und versprühten kalte Wut. Les sah auf mich. Seine Züge entspannten sich.
»Na, gerade schön und einschmeichelnd schaust du ja auch nicht aus«, sagte er.
»Okay, Harry Belafonte«, sagte ich, »genug der Komplimente, was sollen wir hier eigentlich?«
»Von diesem Grundstück aus wurde auf uns geschossen. Und ich würde gerne ganz genau wissen, wer und mit welcher Waffe das getan hat. Laß uns versuchen, Patronenhülsen zu finden, falls der Schütze eine Pistole benutzt hat. Schoß er mit einem Revolver, dann bleiben uns nur die Projektile, von denen eines im Golf stecken muß.«
»Gut«, sagte ich, »fang an, Harry Belafonte.«
»Okay, Peter Alexander!« schniefte Les.
Wir fixierten genau den Standort des Golfs an der Ampel und versuchten, zu rekonstruieren, aus welcher Richtung die Schüsse gekommen sein konnten. Der Treffer an der Sonnenblende war für uns ein wichtiger Anhaltspunkt. Zwischen zwei alten PKW angekommen, stellten wir fest,

daß hier der Standort des Schützen gewesen sein konnte. Wir ließen uns auf die Knie nieder und tasteten mit klammen Fingern den kiesbestreuten, beinhart gefrorenen Boden Zentimeter für Zentimeter ab. Als wir so niedergekauert mit unseren Händen über die eisigen Kiesel fuhren, wurde uns erst bewußt, wie kalt es eigentlich war. Ich fror erbärmlich. Auch Les zitterte. Meine Nackenhaare, zuerst verschwitzt, waren zu strähnigen Klumpen gefroren, mein Schnurrbart war wie glasiert. Hoffentlich war die Sucherei bald zu Ende. Meine Armbanduhr zeigte halb zwölf. Plötzlich stieß Les überraschte Grunzlaute aus. Er legte sich auf den Bauch und langte unter den rechten PKW. Als er den Arm hervorgezogen hatte, hielt er mir die behandschuhte Handfläche seiner Rechten unter die Nase. Auf ihr lagen zwei blinkende Patronenhülsen.
»Wie kommen die denn unter diese Karre?« fragte ich.
Sich erhebend antwortete Les: »Die beiden Schüsse kamen, das beweist der Treffer in der Sonnenblende, schräg von unten. Der Schütze muß hier gelegen haben. Eine Pistole wirft die Hülsen nach rechts aus. So kamen sie unter den Wagen. Aber jetzt nichts wie ab und zu Gaby in die warme Stube. Mir reicht's! Wir haben uns heute unseren Gute-Nacht-Schnaps redlich verdient, meinst du nicht auch?«
»Sicher«, sagte ich, »aber laß uns jetzt auch wirklich abhauen, bevor ich hier anfriere.«
Wir schwangen uns wieder über den Zaun. Mehr rennend als gehend gelangten wir zurück zum Golf. Der Motor lief immer noch, die Scheinwerfer brannten. Les sah mich an, als sei ich ein seltsames, wunderliches Wesen.
»Sag jetzt nichts«, knirschte ich, »mein Bedarf an Erfolgserlebnissen ist für heute gedeckt.«
»Moment noch«, sagte Les, als ich anfahren wollte. Er drückte die zersplitterte Frontscheibe nach außen. Zerbröselnd klirrte sie auf Motorhaube und Straße. Dann zog er die Handschuhe aus, beugte sich herüber zu mir und bohrte mit Zeige- und Mittelfinger in einem Riß im plastikbezogenen Himmel des Golfs oberhalb der Sonnenblende. »Da haben wir es ja«, meinte er.
Ich schaltete die Innenbeleuchtung ein und erkannte zwischen seinem Daumen und Zeigefinger ein etwa zigarettenstummelgroßes, deformiertes Stück Metall.
»Hülsen und Geschoß«, sagte Les, »morgen kann ich dir sagen, aus welcher Pistole auf uns geballert wurde. Die Hülsen geben Kupfer und Bachmaier dann die Möglichkeit, die Waffe genau zu identifizieren. Ich

habe nämlich das Gefühl, als wäre heute nicht das letzte Mal mit ihr geschossen worden.«
Während dieser Worte hatten wir in einem eisigen, wie tausend Rasiermesser in unsere zerschundenen Gesichter schneidenden Fahrtwind die kurze Strecke zu Gabys Haus zurückgelegt. Aufatmend stellte ich den Motor ab. Während Les die Tür zuknallte, schloß ich die Haustür auf und schaltete in der Diele das Licht ein.
Sofort hörte ich vom Obergeschoß das Geräusch einer schlagenden Tür, und schon eilte Gaby die Treppe herab.
Zwei zerschlagene, müde, durchfrorene Typen mit schmutzigen Kleidern und Händen wie Köhler standen vor ihr. Als sich ihr Entsetzen gelegt hatte, sagte sie: »Die Herren nehmen doch sicher ein Bad vor dem Whisky!«

Donnerstag, 20. Januar
In der gewohnten Bürokleidung, Anzug und Weste, Kragen, Krawatte, saß ich im Büro an meinem Schreibtisch, inhalierte tiefe Züge aus meiner Zigarette und trank ab und zu einen Schluck Kaffee. Meine rechte Schulter, meine Bauchdecke taten sehr weh. Trotz Gabys sofortiger Behandlung der verletzten Stellen verzog ich bei jeder Bewegung vor Schmerz das Gesicht. Mein rechtes Jochbein war aufgeschürft, der rechte Mundwinkel leicht geschwollen. An der rechten Schläfe hatte ich am Haaransatz, jetzt von darüberfrisierten Haaren verdeckt, eine ordentliche Beule. Mein Kopf lag tonnenschwer zwischen meinen Schultern. Ich war also ganz in der Verfassung, das Glanzstück des Pressesprechers zu verkörpern. Obwohl ich ständig versuchte, mich auf die vor mir liegende Arbeit zu konzentrieren, glitten meine Gedanken immer wieder zurück zu den Erlebnissen der gestrigen Nacht. Nachdem Les und ich uns etwas gesäubert hatten, konnte Gaby an uns ihre ärztlichen Fähigkeiten demonstrieren.
»Je länger ich mit Klaus zusammen und je länger ich mit Les befreundet bin, desto öfter werde ich an die Zeit erinnert, zu der ich in der Nothilfestation des Schwabinger Krankenhauses Dienst machte«, sagte Gaby, während sie uns verarztete. Danach saßen wir rauchend und trinkend zusammen und redeten, diskutierten, stellten Theorien auf und verwarfen sie wieder. Wieder ganz von vorne beginnend, sprachen wir den Fall durch, alle Einzelheiten bedenkend, jede mögliche Theorie mit einbeziehend, die Thesen drehend und wendend. Bisher deutete alles auf Buchberger als den Kopf des Ganzen, obwohl wir einfach nicht glauben

konnten, daß er für drei Morde, die fast in die Millionen gehenden Versicherungsbetrügereien und die Anschläge auf Les und mich verantwortlich sein sollte. Obwohl wir Buchberger eine Menge Gaunereien zutrauten, hielten wir ihn doch für ein paar Nummern zu klein für einen Millionenbetrug und zwei Mordanschläge. Eines war für Les und mich bombensicher: Die Schüsse auf uns hatte Wladimir Kowalenko, Buchbergers Wachhund, abgefeuert. Doch wir hatten keinen einzigen Beweis dafür. Ich hatte vorgeschlagen, der Polizei, also Kriminalrat Kupfer und Kriminalobermeister Bachmaier, den Fall mit Buchberger als Hauptschuldigen zu servieren. Doch Les riet zur Vorsicht, als ich ihn über den Rechtsanwalt Strölinger und seine offensichtlichen Verbindungen zu Buchberger informierte.
»O du ahnungsloses Licht«, stöhnte er und verdrehte die Augen, »sag mal, bist du denn überhaupt noch zu retten. Stell dir doch einmal vor, was passieren kann. Erstens mußt du damit rechnen, daß Kupfer so sauer ist, daß du ernstliche Schwierigkeiten bekommst, sagen wir wegen Unterdrückung von Beweismaterial in einem Mordfall. Und zweitens, Kupfer und Bachmaier marschieren los, weil sie Erfolge brauchen, und kassieren Buchberger und seinen Laden. Existiert nun wirklich ein großer Boß, wir sind doch dieser Ansicht, dann sucht der den Schuldigen für seine Schlappe. Und wer ist das? Du! Du bajuwarischer Mini-Kojak. Und was glaubst du, was dann mit dir, oder vielleicht mit Gaby, oder auch vielleicht mit mir passiert? Ich will euch keine Angst machen, aber wozu die Gangster fähig sind, wissen wir doch. Mein Rat: Je weniger Polizei im Augenblick, desto sicherer seid ihr, desto sicherer bin ich. Ich schlage dir vor, schau dir erst mal den Strölinger an, versuche soviel wie möglich über ihn herauszufinden, dann können wir immer noch Bachmaier weiter ins Vertrauen ziehen. Okay?«
Wir waren in unserem weiteren Gespräch zu der Überzeugung gelangt, daß es wirklich am klügsten sei, so zu verfahren, wie Les vorgeschlagen hatte. Les hatte sich danach mit einem Taxi zu meiner Wohnung bringen lassen, wo sein Mustang stand. Ich war bei Gaby geblieben.
Heute morgen hatte ich als erstes meinen Golf durch einen ganz normalen Polarmorgen in eine Reparaturwerkstatt gefahren, um die zerschossenen Scheiben durch neue ersetzen zu lassen.
»Rocker in Schwabing haben mir die Karre demoliert«, hatte ich erklärend die Reparaturanweisung unterschrieben.
Nun saß ich also im Büro, grübelte weiter über den Fall nach und versuchte, wenigstens die anfallenden Routinearbeiten zu erledigen. Ich

zog mir einen Vorgang heran und versuchte, mich darauf zu konzentrieren. Doch die Klingel des Telefons schreckte mich hoch. Ich hob den Hörer von der Gabel, klemmte ihn zwischen Ohr und linke Schulter und zündete mir eine frische Zigarette an. Es war Les, der mit seiner Ruhe und Gelassenheit ausstrahlenden Stimme sagte: »Hi buddy, interesting news. Wir können davon ausgehen, daß Kowalenko auf uns geschossen hat.« Obwohl Les nur bestätigte, was wir bereits mit Sicherheit angenommen hatten, riß es mich fast vom Stuhl.

»Was macht dich denn so sicher?« fragte ich aufgeregt.

»Okay, okay«, beschwichtigte er mich. »Die Kanone, die der Schütze benutzt hat, ist mit Sicherheit eine 7.62er Tokarew...«

»Eine was...?« fragte ich staunend.

»...eine 7.62er Tokarew, eine sowjetische Armeepistole, die in den dreißiger Jahren in der Sowjetunion erschien, zunächst aber nur in verhältnismäßig geringer Stückzahl gefertigt wurde. Vorbild für dieses Modell war die 45er Colt-Pistole der amerikanischen Armee.«

»Ich dachte, aufgrund der Patronenhülsen und des Geschosses könne man nur Kaliber der Waffe und diese dann selbst identifizieren. Woran erkennst du gleich das Fabrikat?«

»Ich habe mit unseren Waffenexperten gesprochen. Die sagten mir, 7.62 sei ein im Westen sehr seltenes Kaliber, und eine der wenigen Pistolen, die heute noch dieses Kaliber mit Projektilen verschießt, wie wir eines in deinem Golf fanden, ist eben die Tokarew. Wladimir Kowalenko ist naturalisierter Russe, er kam doch mit Buchberger bei Kriegsende nach Deutschland. Also was liegt näher, als ihn als Besitzer dieser doch recht seltenen Pistole zu betrachten!«

»Klingt plausibel«, sagte ich. Und wieder überkam mich jenes seltsam erregende Gefühl, jenes Konglomerat aus Angst und Jagdfieber.

»Ich an deiner Stelle«, fuhr Les fort, »würde nun versuchen, an Strölinger heranzukommen.«

»Das werde ich auch. Sehen wir uns heute abend?«

»Gerne, wohin soll ich kommen? Zu Gaby oder zu dir?«

Ich überlegte. »Zu mir«, sagte ich. Freitag, also morgen, würde für Gaby ein anstrengender Tag sein, das wußte ich. Außerdem wollte ich ihr ersparen, Abend für Abend nur über einen Mordfall und Versicherungsbetrügereien reden zu müssen.

»Okay then, bis heute abend«, sagte Les.

»See you, buddy«, sagte ich und warf den Hörer auf die Gabel. Ich zündete mir eine frische Zigarette an und blickte auf die Uhr. Halb elf.

Eine gute Zeit, mit den Fachleuten in der Kraftfahrt-Abteilung zu telefonieren, um erste Informationen über Strölinger einzuholen. Ich sprach nacheinander mit einem Schadensachbearbeiter, mit dem Leiter der Kraftfahrtschadenabteilung, mit dem Leiter des Gesamtbereichs Autoversicherungen und mit dem Leiter unserer Rechtsabteilung, alle Juristen. Von allen erfuhr ich das gleiche! Rechtsanwalt Rudolf Strölinger war einer der bekanntesten und brillantesten, aber nicht unbedingt angesehensten Straßenverkehrsrechtler der Bundesrepublik. Doch von Klienten und Gegnern gleichermaßen geachtet; von den einen verehrt und von den anderen gefürchtet. Ein Mann, der seine Sache mit Leidenschaft, ja oft mit einer an Besessenheit grenzenden Arbeitswut vertrat. Ein Jurist, der zu den größten Verdienern in seiner Branche zu zählen sei. Ich überlegte. Ein Mann solchen Kalibers hatte es doch nicht nötig, mit einer Reparaturwerkstatt in der Konstellation eines Unfallhelferringes zusammenzuarbeiten. Aber die Formulare in Buchbergers Werkstatt wiesen eindeutig darauf hin. Das ging nicht zusammen. Am Schreibtisch zu sitzen und über Tatsachen nachzudenken, die ich ohnehin nicht in einen Zusammenhang bringen konnte, brachte mich keinen Schritt weiter. Ich mußte mit Strölinger sprechen, um mir einen persönlichen Eindruck von ihm zu verschaffen. Die Leute, mit denen ich bisher über ihn gesprochen hatte, sahen ihn als Fachmann, vielleicht sogar als beneidenswerten Kollegen an. Vor den Hintergrundinformationen, die ich mir beschaffen würde, sah dieser Wunderjurist vielleicht dann doch ganz anders aus. Ich rief noch einmal den Leiter des Gesamtbereichs Autoversicherungen an, der im ersten Telefonat hatte durchblicken lassen, daß er Strölinger kannte. Ich fragte ihn, ob es ihm möglich sei, mir dabei zu helfen, daß ich Strölinger kurzfristig persönlich sprechen konnte. Ich hätte die Absicht, mit ihm ein Interview für unsere Mitarbeiterzeitschrift zu machen, erklärte ich ihm. Ich betonte, dies sei doch eine ideale Ergänzung der Reportage über die Praktiken der sogenannten Unfallhelfer. Ich sei gerade so richtig in der Thematik drin, betonte ich, daher wäre es schön, wenn das Gespräch heute noch stattfinden könnte.
»Nichts leichter als das, wenn Strölinger in München ist«, wurde mir versichert. Ich bedankte mich und legte auf.
Das lief ja besser, als ich mir hätte träumen lassen. Ich holte mir die Unterlagen über die Unfallhelferpraktiken hervor und begann, den Fragenkatalog für das Interview zusammenzustellen. Es gab zwei Möglichkeiten, überlegte ich mir. Hatte Strölinger mit dem Fall etwas zu tun, oder war er gar der Oberboß, dann kannte er mich natürlich, die Tarnung

war überflüssig. Ich konnte mich aber, wenn es brenzlig wurde, Kupfer und Bachmaier gegenüber hinter meinem Job und dem Interview verschanzen. Wenn nun Strölinger mit dem Fall nichts zu tun hatte, dann war mein Besuch bei ihm auch nicht umsonst, denn dann hatte ich mit dem Interview einen guten Beitrag für die Mitarbeiterzeitschrift des Unternehmens gewonnen. Als ich die inzwischen zusammengestellten Unterlagen für das Interview ordnete und in eine Klarsichthülle schob, läutete das Telefon.

»Strölinger erwartet Sie um drei in seiner Kanzlei«, sagte der Bereichsleiter. »Wie bin ich zu Ihnen, ist das nicht ein perfekter Service?« fragte er scherzhaft.

»Ein Service, wie ihn eine freie, demokratische Presse gar nicht anders erwartet«, flachste ich zurück. »Im übrigen, herzlichen Dank. Zu Gegendiensten bin ich stets gerne bereit.«

Nach diesem Telefonat begab ich mich zum Mittagessen in die Kantine. Nach einem frugalen Mahl, das meiner Linie sicher nicht geschadet hatte, saß ich wieder in meinem Büro. Rauchend und Kaffee trinkend, nicht fähig zu arbeiten, wartete ich, bis es Zeit wurde, mich auf den Weg zu Strölinger zu machen. Sooft ich einen Zug aus meiner Zigarette nahm, sooft ich einen Schluck Kaffee trank, sooft blickte ich auf meine Armbanduhr. Endlich zeigte meine Uhr kurz nach halb drei. Ich rief mir ein Taxi und ließ mich in die Nymphenburger Straße fahren, wo Strölinger seine Kanzlei hatte.

Rudolf Strölinger war ein mittelgroßer Mann, der, obwohl er einige Pfunde über dem Idealgewicht mit sich herumtrug, dennoch einen beweglichen und sportlichen Eindruck machte. Etwas volle Wangen und der Ansatz eines Doppelkinns nahmen dem ansonsten konturreichen Gesicht etwas von seiner Schärfe und Härte. Er mochte am Ende der Vierzig stehen, an den Schläfen und Koteletten waren seine braunen Haare grau. Grüngraue Augen blickten durch eine schmale, in schwarze Stahlränder gefaßte Brille. Diese Augen machten auf mich einen zwar klugen und alerten, aber dennoch einen seltsam gleichgültigen, fast kalten Eindruck. Ich mußte an ein Buch denken, in dem ich einmal gelesen hatte, daß man einem Grizzlybären nicht an den Augen ablesen kann, ob er angreifen wird oder nicht. Plötzlich konnte ich mir gut vorstellen, daß diese Augen vielleicht genauso unbeteiligt und kalt blicken würden, wenn mir Kowalenko mit seiner Tokarew ans Leben wollte. Strölinger trug einen teuren, dunkelgrauen Flanellanzug mit hellen Nadelstreifen, ein weißes Hemd und eine dunkelrote Strickkrawatte. Seine Kleidung ver-

mittelte, ebenso wie jedes Möbelstück in seinem etwa dreißig Quadratmeter großen Chefbüro, den Eindruck geschmackvoller, erlesener, teurer und unaufdringlicher Eleganz.
Nachdem wir uns begrüßt und ich mich für die rasche Erfüllung meiner Bitte bedankt hatte, baute ich Tonbandgerät und Mikrofon für das Interview auf. Ich holte meine Unterlagen hervor und begann zu fragen. Strölinger antwortete diszipliniert und präzise. Seine Aussagen zu den einzelnen Themenkomplexen waren nahezu druckreif formuliert. Der Inhalt seiner Antworten war genau der, den man von einem Mann seiner Bedeutung und Bekanntheit erwartete. Hart, sachlich, hie und da ein Gesetz, eine Bestimmung kritisierend, stets auf der Basis der Rechtsprechung für den finanziell Schwächeren votierend. Ich wußte bereits nach den ersten Fragen, dies würde ein guter Beitrag für meine Leser werden. Ich hatte mich gut vorbereitet, Strölinger war ein Interviewpartner von Format. Eher als erwartet, hatte ich die gewünschten Antworten auf dem Tonband. Als ich meine Unterlagen und das Gerät zusammenpackte, sagte er noch bestimmt: »Vor Drucklegung sehe ich noch Korrekturabzüge!«
»Selbstverständlich«, versprach ich, »das ist auch bei Mitarbeiterzeitschriften der Privatwirtschaft so üblich.«
Dann bot er Cognac und Zigaretten an. Während ich genießerisch alten Martell schlürfte und an einer Benson & Hedges mit Goldmundstück zog, beschloß ich, aufs Ganze zu gehen.
»Herr Strölinger, was halten Sie von Versicherungsbetrug durch erfundene oder gestellte Verkehrsunfälle?« fragte ich, ihn genau beobachtend.
Er blieb entspannt im Bürosessel sitzen, seine Augen verrieten weder Interesse noch sonst eine Regung, nur seine Lippen preßten sich für einen kaum wahrnehmbaren Augenblick zusammen. Seine Stimme klang teilnahmslos, fast verächtlich, als er die Gegenfrage stellte: »Wie kommen Sie jetzt ausgerechnet auf dieses Thema?«
»Nun ja«, meinte ich, »die Art von Unfallhilfe, über die wir im Interview gesprochen haben, und die Absicht, den Geschädigten oft zu maximalen Forderungen an die Versicherung zu bewegen sowie danach vielleicht sogar ein wenig beim Zustandekommen von Unfällen nachzuhelfen, sind doch logische Fortführungen eines ganz bestimmten Handlungsablaufes.«
»Vorsicht«, mahnte Strölinger mit Schärfe in der Stimme, »ich rate Ihnen, woanders mit derartigen Folgerungen vorsichtig zu sein, sonst

könnte es Ihnen nämlich passieren, daß Sie urplötzlich eine ellenlange Verleumdungsklage am Hals haben.«
Das war geschickt gekontert. Dennoch versuchte ich, mich weiter an den Fall Buchberger heranzutasten.
»Angenommen, Sie würden bei einem Ihrer Klienten Zweifel an der Rechtmäßigkeit der Forderungen bekommen, die Sie für ihn gegen eine Versicherung durchzusetzen haben? Wie würden Sie reagieren? Was würden Sie tun?«
Strölinger wurde unwirsch.
»Was soll diese theoretische Fragerei? Was wollen Sie noch? Sie haben Ihr Interview, beenden wir das Gespräch!«
Ich ließ mich nicht bremsen.
»Ich glaube nicht, daß Sie mit einem Hinauswurf sich um die Antwort drücken sollten. Ich habe nämlich handfeste Beweise dafür, daß einer Ihrer – wie nennt man das doch – Klienten Versicherungsbetrug verübt hat und vielleicht sogar in einen dreifachen Mord verwickelt ist!«
Strölinger saß zusammengekauert in seinem Sessel. Seine Hände ballten sich zu Fäusten und öffneten sich wieder. Sein Mund war zusammengekniffen, so daß die Lippen fast nicht mehr zu sehen waren. Seine Augen waren fahl und ohne Ausdruck; sein Gesicht bleich. Ein untadeliger Anwalt, sprachlos und maßlos entrüstet über Anschuldigungen gegen einen Geschäftspartner? Ich vermeinte, ein verhaltenes Knurren zu hören. Dann erhob sich Strölinger aus seiner kauernden Stellung. Er hatte sich wieder unter Kontrolle.
»Diese Behauptungen sind absurd! Ich vermag nicht einmal darüber zu lächeln. Bitte, geben Sie mir das Tonband mit dem Interview und verlassen Sie meine Kanzlei.«
Ich holte die Spule aus meinem Aktenkoffer und gab sie ihm.
»Mal sehen, wie Kriminalrat Kupfer und die Staatsanwaltschaft reagieren werden, wenn ich ihnen die Beweise übergebe!«
Mit diesen Worten drehte ich mich um und verließ die Kanzlei.

Nach einem ausgiebigen Abendessen im Hahnhof lag ich auf der Couch, genoß die Wärme meiner Wohnung, blätterte dösend in einer Zeitung und nahm ab und zu einen Schluck Bier. Ich trug nur Jeans und ein T-Shirt. Nach der Vermummung, die die herrschende Polarkälte notwendig machte, tat es wohl, einmal wieder normal gekleidet zu sein. Das Schrillen der Klingel schreckte mich hoch. Das mußte Les sein. Ich schlurfte an die Wohnungstür und drückte auf den Knopf des automati-

schen Türöffners. Nach einer Weile hörte ich, wie der Lift mit einem rumpelnden Geräusch zum Stehen kam und die Tür aufgestoßen wurde. Ich öffnete die Wohnungstür. Les trat, einen Schwall Kälte um sich, der mir eine Gänsehaut über den Körper jagte, in meine Wohnung. Seine Lippen waren blaugrau vor Kälte, seine Augen tränten.
»Was ist? Bist du mit einem Cabriolett gefahren?« fragte ich, als er sich aus seiner pelzgefütterten Parka und einem dicken Rollkragenpullover schälte.
Les machte nur eine abwinkende Handbewegung und ging ins Wohnzimmer. Er nahm die Bourbonflasche aus dem Regal, goß drei Fingerbreit ins Glas, kippte den Schnaps mit einem Schluck weg, rülpste ungeniert und schüttelte sich.
»Scheißkälte«, murmelte er und wiederholte die Trinkprozedur. Danach warf er sich in einen Sessel und verlangte ein Bier. Als wir beide gefüllte Gläser vor uns stehen hatten, erzählte ich ihm von meinem Besuch bei Strölinger. Les hörte mich schweigend an. Ohne mich zu unterbrechen, ließ er mich zum Ende kommen. Als ich meinen Bericht beendet hatte, saßen wir uns eine Weile schweigend gegenüber. Les schien angestrengt nachzudenken. Ich beschloß, ihn dabei nicht zu stören. Ich griff mir daher die leeren Biergläser und ging in die Küche, um sie aufs neue zu füllen. Als ich das volle Glas vor ihn niedersetzte, sagte er unvermittelt:
»Die Drohung mit der Polizei und Staatsanwaltschaft war gut, aber nicht ungefährlich! Entweder hat Strölinger mit dem ganzen Fall nichts zu tun, dann hat dein Boß in den nächsten Tagen einen massiven Beschwerdebrief über dich auf dem Tisch. Oder Strölinger ist tatsächlich derjenige, wofür wir ihn halten, dann muß er handeln. Er muß herausfinden, welche Beweise du hast, versuchen, diese in seinen Besitz zu bringen und sie verschwinden lassen. Und das kann gefährlich für dich werden.«
»Ich weiß, Les«, antwortete ich, »aber sind die Beweise, die ich in meinem Bericht gesammelt habe, ausreichend, um nicht nur Buchberger, sondern auch Strölinger aus dem Verkehr zu ziehen, und damit die Gefahr für mich zu beseitigen?«
»Ich glaube nicht, Klaus. Kein Staatsanwalt würde aufgrund solcher Beweise einen Haftbefehl gegen Strölinger ausstellen. Es ist verdammt schade, daß du das Bündel Kontoauszüge nicht aus dem Buchbergerschen Laden herausgebracht hast.«
Mir kam ein kühner Einfall.
»Dann versuche ich es eben noch einmal in Buchbergers Laden«, sagte ich verwegen. Kaum war dieser Satz heraus, hätte ich schon meinen Jahres-

bedarf an Bier dafür gegeben, ihn ungesprochen zu machen. Doch Les hakte sofort nach.

»Die Idee ist prima. Wenn du den Samstagabend für deinen zweiten Besuch bei Buchberger wählst, dann kannst du sicher sein, nicht gestört zu werden. Weder Buchberger, Strölinger, noch der Wachhund Kowalenko werden annehmen, daß du es noch einmal wagst, dort einzudringen, schon gar nicht an einem Samstagabend.«

»Die Idee wäre prima«, korrigierte ich Les, »wenn *wir* den Samstagabend für den erneuten Besuch auswählten ...«

Les sah mich prüfend an.

»Schiß?« fragte er.

»Ja«, sagte ich einfach.

»Meinetwegen, packen wir es also Samstagabend. Morgen würde ich mich ruhig verhalten. Bleib nicht in deiner Wohnung. Geh zu Gaby, dort bist du sicherer. Du mußt damit rechnen, daß Strölinger selbst oder einer seiner Handlanger auf der Suche nach Beweismaterial auch dir einen Besuch abstatten. Kann sein, muß aber nicht sein.«

»Ich könnte mir denken, daß Strölinger glaubt, ich wäre auf die Beweise im Rahmen meiner dienstlichen Tätigkeit gestoßen, denn ich wurde bei ihm auch ganz offiziell von unserem Bereichsleiter Autoversicherungen angemeldet.«

Les überlegte lange, ehe er antwortete.

»Wenn Strölinger der Oberboß ist, dann weiß er, daß du es warst, der den toten alten Mann auf dem Parkplatz gefunden hat, daß du im Altenheim und bei den ehemaligen Postlern recherchiert hast. Er ist auch dann derjenige gewesen, der den Säureanschlag auf dich veranlaßt hat. Und Strölinger dürfte auch klug genug sein, zu wissen, daß du derartiges Beweismaterial nicht einfach in deiner Wohnung herumliegen läßt. Trotzdem, wohne die nächsten Tage bei Gaby. Sicher ist sicher.«

So redeten wir uns die Köpfe heiß, erdachten Theorien, verwarfen sie wieder. Les erfand sogar noch einen Superboß, der über Strölinger agierte und aus einer sicheren, unangreifbaren Position heraus die Verbrechen plante und von Handlangern ausführen ließ. Damit brachte Les eine neue Unbekannte, ein neues Risiko, ins Spiel, und das nahm mir den Mut. Doch das Wort »Superboß« und die Formulierung »sichere, unangreifbare Position« ließen in meinem Gehirn eine Glocke schrillen und brachten mich auf eine verrückte Idee. Ich holte mir das Telefonbuch heran und suchte die Privatnummer des Bereichsleiters Autoversicherungen heraus, ging dann zum Telefon und wählte kurz entschlossen. Nachdem ich mich

kurz für die späte Störung entschuldigt hatte, kam ich ohne Umschweife zur Sache. »Ein brillanter Jurist wie Strölinger«, fragte ich, »der reihenweise Verkehrssünder aus den Klauen des Gesetzes reißt, muß doch bei den Hütern des Gesetzes, also den Staatsanwaltschaften, nicht nur Gegner haben, die ihn bewundern, sondern auch ganz scharfe Kontrahenten.«
»Aber natürlich«, war am anderen Ende der Leitung zu vernehmen, »gerade an den Gerichten der Großstädte gibt es ehrgeizige, karrieregeile junge Ankläger, die nur zu gerne dem berühmten Strölinger entgegentreten in der Hoffnung, dadurch auf sich aufmerksam zu machen. Es gibt einige Staatsanwälte in Düsseldorf, Hamburg und hier in München, mit denen er sich quasi Dauerduelle liefert. Sein unnachgiebigster, ausdauerndster und härtester Kontrahent jedoch ist der Münchner Staatsanwalt Bergmeister, der Schrecken aller Verkehrssünder.«
»Herzlichen Dank«, sagte ich, »das war's schon, was ich wissen wollte.«
Ich legte den Hörer auf die Gabel zurück und sah Les an. Der blickte mit großen erstaunten Augen auf mich. Ich erzählte ihm, was ich soeben erfahren hatte.
»Was soll denn das nun wieder?« fragte er.
»Ganz einfach«, antwortete ich, »ich suche einen Mann, der Strölinger kennt und der in einer sicheren und unangreifbaren Position sitzt!«
»Aber das ist doch absurd«, rief Les aus, »du kannst doch nicht einfach einen Staatsanwalt ins Spiel bringen, nur weil er im Gerichtssaal dem Strölinger gegenübersteht?«
»Klar«, sagte ich, »sicher ist das etwas weit hergeholt, aber doch nicht ganz unlogisch. Wenn man deine Theorie vom Superboß weiterdenkt, so muß man ganz einfach auf einen Menschen aus der Nähe von Strölinger kommen, der auch mit der Materie zu tun hat. Und ein Staatsanwalt, sitzt der nicht in einer sicheren, unangreifbaren Position?«
»Natürlich ist das alles nicht ganz unlogisch gedacht«, meinte Les, »aber ...«
Ich unterbrach ihn, ich redete mich in Eifer. »Sieh mal, warum sollte es in den Reihen der Justiz keine schwarzen Schafe geben? Und die Summen, um die es sich handelt, sind doch auch nicht gerade unattraktiv! Ich weiß, diese Theorie klingt ganz und gar unwahrscheinlich, aber es wurden auch schon Abgeordnete des Deutschen Bundestages als Agenten des Ostblocks entlarvt. Und noch eins: Wir sollten nicht vergessen, daß Versicherungsbetrug einer Größenordnung, wie unser Fall einer zu sein scheint, nur von ausgebufften Spezialisten begangen werden kann. Die

Maschen des Netzes sind dermaßen eng, daß wirklich nur der Chancen hat, durchzuschlüpfen, der die Materie meisterhaft beherrscht. Strölinger ist der eine...«

»...und Staatsanwalt Bergmeister soll der andere sein«, ergänzte Les grinsend.

»Ich finde das ganz und gar nicht witzig«, brummte ich.

Und wieder begannen meine Gedanken zu wandern. Ein neues Risiko, eine neue Unbekannte, eine neue Theorie ohne greifbare Beweise. Der ganze Fall wuchs mir langsam, aber sicher über den Kopf. Ich war nahe daran, mich zu Kriminalrat Kupfer zu begeben, um mich reumütig an seiner knochigen Polizistenbrust auszuweinen. Les erriet meinen Gemütszustand.

»Mensch, tu dir doch nicht andauernd selber leid. Durch deine Neugier und Sturheit und deine Arroganz, zu glauben, daß du besser bist als die Polizei, bringst du dich immer wieder in kritische Situationen und kriegst dann das große Hosenflattern und die große Heule. Hau doch ab zu Gaby, laß dich bemuttern und such dir einen Job als Pressemann bei einer Kosmetikfirma, das Klima bei der Versicherung scheint für dich Schnukkelchen zu rauh zu sein.«

Das war deutlich. Ich blickte beschämt zu Boden.

»Schon gut, Les, ich reiß mich schon zusammen.«

»Okay, Junge, war auch nicht so bös gemeint.«

Les gähnte herzhaft, leerte sein Glas, und räkelte seine lange, schmale Gestalt aus dem Sessel.

»Wir sehen uns am Samstagabend. Ich bin gegen acht bei Buchbergers Laden.«

Er hüllte sich wieder in den dicken Pullover und die pelzgefütterte Parka, wobei er etwas von Polarkreis Bayern, Scheißeuropa und Sonnenparadies Alabama murmelte. Nachdem sich die Tür hinter ihm geschlossen hatte, ging ich ans Telefon, rief Gaby an und sagte ihr, daß ich noch kommen würde.

Samstag, 22. Januar

Das Telefon klingelte. Ich blickte auf die Uhr. Fünf Uhr nachmittags. Es war bereits stockdunkel. Die Kältewelle war immer noch nicht gebrochen. Ich hob den Hörer ans Ohr und meldete mich. Es war Les. Er sagte, er wolle schon früher und bei uns aufkreuzen, denn er habe keine Lust, in irgendeinem Lokal ein teures und tristes Abendessen einzunehmen, während Gaby und ich bei Kerzenschein dinierten. Er wolle da schon

lieber mit uns essen. Ich antwortete ihm, wir hätten nicht gerade ein opulentes Kerzenlichtdiner geplant, aber eine zünftige bayerische Brotzeit würde Gaby schon auf den Tisch bringen. Auch hierfür sei er zu haben, und einen Wolfshunger bringe er auch mit, sagte er noch. Ich informierte Gaby und bat sie, für Les ein drittes Gedeck aufzulegen. Bereits nach einer halben Stunde erschien Les. Seinen Ford-Mustang stellte er hinter meinem Golf ab. Nach der üblichen Begrüßungszeremonie saßen wir mit langen kühlen Gin-Tonics bequem in die Sessel gelümmelt und warteten, bis Gaby zu Tisch rief. »Wie wollen wir eigentlich diesmal in Buchbergers Laden gelangen?« wollte ich wissen.
»Ganz einfach«, antwortete Les, »auf die gleiche Art wie beim letztenmal. Durch eine der Luken des Werkstattdaches. Niemand wird annehmen, daß wir noch einmal auf dem gleichen Weg dort aufkreuzen.«
»Wenn du meinst«, brummte ich. Damit war das Gespräch gestorben. Rauchend und an unseren Drinks nippend saßen wir da und hingen unseren Gedanken nach. Es waren keine guten Gedanken. Sie drehten sich um drei tote alte Männer, Betrügereien, die einige Versicherungen Hunderttausende kosteten, und an einen Kraftbolzen namens Wladimir Kowalenko, der mit einer Tokarew auf Leute schoß, die ihre Nasen in die Geschäfte seines Herrn und Meisters steckten. Endlich rief Gaby zu Tisch. Obwohl sie sich alle Mühe gegeben und die herrlichsten bayerischen Schmankerln auf den Tisch gebracht hatte, wurde es kein fröhliches Mahl. Schweigsam genossen wir Speisen und Getränke. Gaby hob mehr als einmal den Kopf, um Les und mich prüfend zu mustern. Nachdem wir gesättigt waren, halfen wir Gaby den Tisch abzuräumen und das Geschirr in die Spülmaschine zu stellen. Im Wohnzimmer, ein frisches Bier vor sich, die brennende Zigarette in der Hand, sagte Les: »Verzeih die miese Stimmung, Gaby. Dein gutes Essen habe ich sehr genossen. Danke.«
»Danke, Les, für die lieben Worte«, erwiderte sie. »Ich wünsche mir, daß dieser Fall bald gelöst ist und ich wieder zwei normale Männer bewirten kann.«
Ich erhob mich, beugte mich über sie und gab ihr einen langen Kuß.
»Es ist bald zu Ende, das verspreche ich dir!«
»Ich wollte, ich könnte es glauben«, seufzte sie.
Les blickte mich an und deutete auf seine Uhr. Es war acht, Zeit, uns auf den Weg zu machen. Les und ich erhoben uns. »Ich bin sicher, wir sind bald wieder heil und unversehrt zurück«, sagte ich, einen optimistischen Ton in meine Stimme legend.
»Geht schon«, sagte Gaby resigniert.

Trotz der eisigen Temperaturen herrschte verhältnismäßig viel Betrieb auf Schwabings Straßen. Dick vermummte Menschen eilten über die Bürgersteige, vereiste Autos mit dickqualmenden Auspuffwolken glitten über den Asphalt auf der Suche nach einem Parkplatz, um dort weiteres Eis anzusetzen. Dennoch fanden wir in der Hohenzollernstraße, ganz in der Nähe von Buchbergers Reparaturwerkstatt, einen Parkplatz für den Golf. Erst nach mehrmaligem Vor- und Rückwärtsrangieren hatte ich den Wagen halbwegs vorschriftsmäßig in einer engen Lücke zum Stehen gebracht. Durch das Haus neben der Tankstelle gelangten wir wieder in den Hinterhof neben der Werkstatt, über die Mülltonnen auf deren Dach, und wieder ließen wir uns durch die Luke in die Werkstatt gleiten. Der Schlüssel zur großen Tür, die auf die Hohenzollernstraße führte, hing an dem Brett neben dieser Tür. Les steckte ihn ins Schloß und drehte ihn herum. Ein Versuch zeigte, daß sich das Tor öffnen ließ. Durch die streng nach kaltem Öl und Benzin riechende Reparaturhalle schlichen wir auf leisen Sohlen zu der Metalltür, die zu den Büroräumen führte. Vorsichtig, jedes überflüssige Geräusch vermeidend, drückten wir die Tür zu den Büros auf. Sie ebenso vorsichtig hinter uns zuziehend, betraten wir den Raum und blieben wie vom Blitz getroffen stehen. Les stieß einen erstaunten Pfiff aus. Im dämmrigen Licht der Straßenbeleuchtung, das durch die Fenster hereindrang, sahen wir die Verwüstung. Türen und Schubladen von Schreibtischen und Schränken standen offen, ihr Inhalt war über den Fußboden verstreut. Tische und Schränke waren von den Wänden gerückt. Kein Gegenstand war an seiner ursprünglichen Stelle, das Unterste war zuoberst gekehrt. Die Büroräume sahen aus, als hätten sie für kurze Zeit im Zentrum eines Hurrikans gelegen. Les und ich blickten uns an. Unsere Gedanken waren die gleichen. Ohne ein Wort zu sagen und ohne Rücksicht auf den Lärm zu nehmen, den wir nun verursachten, stürmten wir die schmale Treppe hinauf zu Buchbergers Arbeitszimmer. Die Türe so heftig aufstoßend, daß sie mit lautem Knall an die Wand prallte, sahen wir, was wir bereits befürchtet hatten, als wir die Verwüstung in den Büros entdeckten. Über dem Schreibtisch lag eine regungslose Gestalt. Mit ein paar langen Schritten eilte Les an die Fenster und riß die Vorhänge zu. Ich knipste die Deckenbeleuchtung an. Auch dieser Raum war gründlich durchsucht worden. Die Gestalt, die über dem Schreibtisch hing, war niemand anderes als Buchberger. Er saß im Bürosessel, sein Oberkörper lag auf dem Schreibtisch, das Gesicht auf der linken Seite, die Arme hingen seitlich nach hinten herab. Aus dem Nacken des Toten ragte der gelbe Kunststoffgriff eines langen Schraubenziehers. Er war mit solcher Wucht in den Nacken des Mannes getrieben worden, daß die Spitze unterhalb des Kehlkopfes aus dem Hals ausgedrungen war. Es war wenig Blut geflossen. Nur neben der Wunde, die die austretende Spitze verursacht hatte, war eine handtellergroße Blutlache zu sehen. Sie war bereits mit der bläulich-schwarzen Haut des Gerinnens überzogen. Ich starrte auf den Toten, dessen Augen offenstanden. Sie waren trübe, matt und so leer, als hätten sie noch nie etwas erblickt. Eine Wolke dumpf-scharfen Gestanks nach Kot und Urin, die von dem Toten ausging, ließ uns den Atem stocken und trieb uns den Mageninhalt würgend in die Kehle. Im Augenblick des Todes hatten bei Buchberger die Schließmuskeln versagt, sich Blase und Darm entleert. Keuchend blickte ich auf Les. Sein Gesicht war grau, seine Miene spiegelte Abscheu wider. Er packte mich am Ärmel meiner Parka und zog mich aus dem Raum. Wir polterten die Treppe hinab. Erst in der Werkstatt blieben wir stehen. Trotz der herrschenden Eiseskälte standen dicke Schweißtropfen auf meiner Stirn.

»Ich muß hier weg, und zwar so schnell wie möglich. Als Offizier der Militärpolizei und Angehöriger der amerikanischen Armee kann ich es mir auf keinen Fall leisten, hier angetroffen und in den Fall hineingezogen zu werden.«

»Okay«, sagte ich, immer noch keuchend vor Aufregung und Ekel, »laß uns abhauen.«

»Oh, no«, sagte Les, »du bleibst hier und rufst Bachmaier und Kupfer. Jetzt abzuhauen und die Dinge treiben zu lassen wäre brandgefährlich für dich. Außerdem würdest du Gefahr laufen, dir Kupfer zum Todfeind zu machen.«

»Du hast vielleicht Nerven, Mann«, stieß ich hervor, »mich in dieser Situation allein zu lassen.«

»Terribly sorry, es tut mir schrecklich leid, aber ich kann einfach nicht anders, meine ganze Karriere als Offizier steht auf dem Spiel«, sagte Les und tiefes Bedauern lag in seiner Stimme.

»Also, dann mach ne Fliege und hau ab. Geh ein Stück stadteinwärts, schnapp dir ein Taxi, fahr hinaus zu Gaby und warte dort auf mich. Okay?«

»Okay.«

Damit ging er mit hängenden Schultern zum Werkstattor, zog es einen Spalt auf und spähte hinaus auf die Hohenzollernstraße. Mit einem Kopfnicken in meine Richtung zwängte er sich durch den Spalt. Der von der Straße hereinfallende schmale Lichtbalken verschwand, als der

Türflügel von außen zugedrückt wurde. Ich stand allein in der kalten Halle, mein Herz schlug bis zum Hals. Mein Mund war trocken wie ein ausgedörrter Filz, Gesicht und Nacken naß von Schweiß. Erregung, Ekel und Angst jagten Schauer von Gänsehaut über meinen bebenden Körper. Ungelenk setzte ich mich in Bewegung. Mit schlurfenden, stolpernden Schritten eilte ich zurück in die verwüsteten Büroräume und versuchte, in dem Tohuwabohu einen funktionierenden Telefonapparat zu finden. Hinter einem umgekippten Drehstuhl neben einem schmalen Schreibmaschinentischchen, halb unter zerrissenem und zerknülltem Papier begraben, fand ich schließlich einen. Ich hob ihn auf, drückte auf die Gabel und nahm den Hörer ans Ohr. Aufatmend vernahm ich das Tuten des Freizeichens. Ich kramte aus meiner Brieftasche den Zettel mit Bachmaiers Privatnummer hervor und wählte. Eine weibliche Stimme am anderen Ende der Leitung ließ mich auf meine Frage nach Bachmaier wissen, daß Bachmaier Dienst habe und im Präsidium zu erreichen sei. Wieder setzte ich, mir den Schweiß von Stirne und Nacken wischend, die Wählscheibe in Bewegung. Bachmaier war sofort am Apparat. Stotternd erzählte ich von meinem Fund. Er sagte, ich solle ja nichts verändern. Er selbst, aber auch Kupfer und die Mannschaft des MK1 würden sofort aufkreuzen. Durch die Werkstatt trat ich hinaus auf die Hohenzollernstraße. Trotz der Kälte zog ich den Aufenthalt auf der Straße dem in der Werkstatt oder in den Büros vor. Ich ging zum Nebenhaus, lehnte mich an die Wand, zündete mir eine Zigarette an und wartete. In diesem Augenblick war ich der einsamste Mensch der Welt.

Ein Audi 80 und zwei VW-Busse kamen, eskortiert von einer Funkstreife, in normalem Tempo die Hohenzollernstraße herunter, bremsten und bogen in die Einfahrt zu der vor dem Werkstattbau liegenden Tankstelle ein. Autotüren öffneten sich. In Leder, Pelze und dicke Wintermäntel gekleidete Figuren schoben sich ungelenk aus den Autos. Dem Audi entstiegen Kriminalrat Kupfer und Kriminalobermeister Bachmaier. Ich trat die Zigarette aus, stieß mich von der Hausmauer ab und ging auf die beiden Polizeibeamten zu. Kupfer übersah meine Rechte, die ich ihm entgegenstreckte. Bachmaier schüttelte sie nach einigem Zögern. »Gehen wir«, sagte er und machte eine Handbewegung, die mir bedeutete, vorauszugehen. Ich zog die Tür zur Werkstatt auf und tastete nach dem Lichtschalter. Zirpend und flackernd begannen hochhängende nackte Neonröhren den Raum in ein bläulich-weißes, kaltes Licht zu tauchen. Ich steuerte auf die offene Metalltür zu, die zu dem kleinen Vorraum und den Büros im Erdgeschoß führte. Kupfer, Bachmaier und die Männer des MK1 folgten mir wortlos. Ich stieß die Tür zu den Büroräumen auf und knipste ebenfalls das Licht an. Ein Raunen entrang sich den Kehlen der Polizeibeamten. Ich drückte mich wortlos an ihnen vorbei und stieg die schmale Treppe hoch. Das Licht in dem Zimmer, in dem Buchbergers Leiche lag, brannte noch. Wieder war ich es, der die Tür aufstieß. Eine Welle ekelerregenden Gestanks wallte mir entgegen. Übelkeit übermannte mich. Mühsam einen würgenden Brechreiz unterdrückend, wandte ich mich an Kupfer und Bachmaier, deutete mit einer unbestimmten Handbewegung ins Zimmer und sagte keuchend: »Hier ist er ...«, dann drehte ich mich um und stürzte die Treppe hinab in den kleinen Vorraum, wo ich mich an die Wand gestützt heftig würgend übergab.

Ich stand in dem verwüsteten Büroraum an die Besuchertheke gelehnt und wischte mir mit dem Taschentuch kalten Schweiß von der Stirne. Mit zitternden Fingern polkte ich eine Zigarette aus der Packung und steckte sie in den Mund. Drei Streichhölzer brachen ab, ehe es mir gelang, sie anzustecken. Der Rauch brannte in den Lungen und überdeckte ein wenig den gallenbitteren Geschmack in meinem Mund. In der Ecke des Raumes sah ich, halbverdeckt von einer offenen Schranktür, ein Waschbecken. Ich wankte darauf zu, drehte den Kaltwasserhahn auf und trank einige durstige Züge aus der hohlen Hand. Mit der nassen Hand fuhr ich mir über das Gesicht. Ich fühlte mich ein klein wenig besser. Auf unsicheren Beinen stakste ich an die Kundentheke. Auf der Treppe und in dem Zimmer über mir herrschte ein geschäftiges Treiben. Schrittegetrappel, ein Gewirr von Männerstimmen, Scharren von Gegenständen drangen wie von weiter Ferne an mein Ohr. Über allen Geräuschen hörte ich die klare, sonore Stimme von Kriminalrat Kupfer, der Anweisungen erteilte, korrigierend in irgendwelche Handlungen eingriff, Forderungen stellte und damit deutlich machte, daß er der Hauptdarsteller in dieser Veranstaltung war. Kein Mensch hatte bisher von mir auch nur die geringste Notiz genommen. Ich lehnte an der Theke, rauchte und wartete. Ein Blick auf die Uhr sagte mir, daß es erst kurz nach neun war. Da traten Kupfer und Bachmaier in den Raum. Kupfer sah ruhig und gefaßt aus – gefährlich ruhig und gefaßt. Bachmaier, einen halben Schritt hinter ihm, betrachtete mich, eher mitleidig. Kupfer stand dicht vor mir. Ich mußte den Kopf heben, um ihm ins Gesicht schauen zu können. Seine eisgrauen Augen waren starr auf mich gerichtet. Ich glaubte, Zorn und Ärger aus ihnen herauslesen zu müssen. Ich fühlte mich klein und häßlich. Bachmaier

nickte mir ermunternd zu. Kupfer sagte leise, fast zischend: »Lambert, jetzt sprechen Sie. Ich erfahre jetzt jede Einzelheit, von Anfang an. Alles, was Sie getan, was Sie herausgefunden haben. Wo Sie waren, jeden Schritt, den Sie gegangen sind, seit jenem Samstagmorgen, als der tote alte Mann vor Ihrem Auto lag.«
Ich versuchte seitlich von Kupfer wegzukommen, um wenigstens räumlich ein wenig Distanz zu schaffen zu diesem Mann, dessen Persönlichkeit die Situation beherrschte, der mich klein und unbedeutend machte und mir das Gefühl einer grenzenlosen Unterlegenheit einflößte. Ich wollte gerade mit dem Sprechen beginnen, als Bachmaier fragte: »Glauben Sie, Chef, daß hier die richtige Umgebung für Lamberts Bericht ist?«
Kupfer sah ihn unwillig an. Plötzlich erkannte ich, daß mir Bachmaier eine ungeheure Chance zuspielte. Sofort griff ich danach. »Herr Kupfer, Sie erfahren alles, was Sie wissen wollen. Nur, bitte, lassen Sie uns von hier weggehen«, bat ich drängend.
»Wohin denn?« raunzte Kupfer unwirsch, »wollen Sie vielleicht aufs Präsidium?«
»Nein, um Himmels willen, nein«, stieß ich hervor. Und vorsichtig sondierte ich: »Könnten wir uns nicht bei meiner Freundin Gaby Schäffler zu diesem Gespräch zusammensetzen? Mein Freund Les, nehme ich an, wird auch dort sein. Sie erhalten dort vielleicht mehr Informationen, als wenn Sie mich in einem offiziellen Verhör durch die Mangel drehen.«
»Ich weiß zwar nicht, warum ich ja sage«, meinte Kupfer, ohne daß sein Blick an Schärfe und Kälte verlor, »aber meinetwegen.« Er ging zur Tür und rief einen Namen. Der bedächtig wirkende ältere Beamte, der mir schon auf dem Parkplatz aufgefallen war, als ich Rucker fand, streckte den grauen Kopf zur Tür herein.
»Was gibt's, Chef?« fragte er.
»Übernehmen Sie den Zirkus hier, lassen Sie kein Blatt auf dem anderen, sichern Sie Spuren, Fingerabdrücke. Ich wünsche hier eine Präzisionsuntersuchung. Dann Abtransport der Leiche ins Gerichtsmedizinische und so weiter und so weiter. Bachmaier und ich müssen weg.«
»Sie können sich auf uns verlassen, Chef«, sagte der grauhaarige Beamte.
»Ich weiß«, sagte Kupfer, »und einen angenehmen Abend wünsche ich noch.«
Dann wendete er sich wieder mir zu und sagte: »Gehen wir.«
Als wir vor dem Audi 80 standen, zog ich meine Autoschlüssel hervor und

reichte sie Bachmaier: »Der gelbe Golf dort drüben – bitte fahren Sie. Ich bin jetzt nicht in der Verfassung dazu.«
Bachmaier sah mich verständnisvoll an und nahm mir die Autoschlüssel aus der Hand. Ich stieg neben Kupfer in den Audi 80 und dirigierte ihn mit knappen Worten hinaus nach Freimann zu Gabys Villa. Bachmaier folgte uns mit meinem Golf. Kupfer sagte kein Wort. Sein Schweigen hing drohend über mir.
Als ich die Tür zu Gabys Villa aufschloß, brannte bereits Licht in der Diele; Gaby und Les kamen die Treppe herunter. Voller Staunen blickten beide auf mich, dann auf Kupfer und Bachmaier. Wir legten unsere Mäntel ab.
»Ist Klaus verhaftet?« Gaby stellte diese Frage mit unsicherer, dünner Stimme. Und diese naive, ängstlich vorgebrachte Frage einer besorgten Frau löste mit einem Schlag die Spannung, die seit Kupfers und Bachmaiers Erscheinen in Buchbergers Betrieb über uns gelegen hatte. Bachmaier grinste ungeniert. Ein spöttisches, etwas böses Lächeln umspielte Kupfers Mund.
Doch mit einem fast freundlichen »na, na, wer wird denn gleich...«, schüttelte er Gaby die Hand.
»Guten Abend, Herr Kollege«, sagte er zu Les, »konnten Sie denn Lambert nicht vor seinen gefährlichen Dummheiten bewahren?«
»Leider nein, denn zur Zeit scheint seine Neugierde größer zu sein als seine Vernunft«, erwiderte Les. Er hatte meine Situation genau erkannt und versuchte, nun alles zu tun, um den Zorn und Ärger von Kriminalrat Kupfer zu dämpfen. Während wir nach oben gingen und uns im Wohnzimmer niederließen, redete er unaufhörlich auf Kupfer ein. Bachmaier flüsterte mit Gaby. Niemand schien sich um mich kümmern zu wollen. Gaby goß Scotch in die Gläser, warf Eiswürfel hinein und stellte einen Krug Wasser und einen Siphon auf den Tisch. Diese alltäglichen Vorgänge, das Eingießen der Drinks, das Anzünden der Zigaretten, trugen dazu bei, die Atmosphäre weiter zu entspannen, zu entkrampfen. Nach dem ersten Schluck spürte ich, wie die Spannung in mir schwand, der Schock wich. Ich nahm noch einmal einen tiefen Schluck und begann, Kupfer zugewandt, meinen Bericht. Dieser hörte mir mit unbewegter Miene zu. Keine Bewegung in seinem Gesicht zeigte, was er fühlte, was er dachte. Bachmaier hatte einen kleinen Schreibblock vor sich gelegt und machte sich hin und wieder eine Notiz. Kupfer saß, ohne sich zu bewegen, im Sessel. Ich redete und redete. Als ich berichtete, wie ich Buchbergers Leiche entdeckte, stieß Gaby einen kleinen, spitzen

Schrei aus. Besänftigend legte ich meine Hand auf die ihre. Nun war ich am Ende angelangt. Kupfer leerte sein Glas mit einem scharfen Ruck. Les goß sofort nach.
Ich ging hinaus auf den Flur, wo mein Aktenkoffer stand, entnahm ihm eine Fotokopie des Berichts, den Bachmaier bereits kannte, und reichte ihn Kupfer.
»Dies sind die Beweise, die ich zusammengetragen habe.«
Kupfer sah die Papiere mit gespannter Aufmerksamkeit durch. Er schien den Inhalt nicht zu kennen. Ich atmete auf. Bachmaier hatte Wort gehalten. Kupfer warf das Bündel Papiere vor sich auf den Tisch. Alle blickten jetzt auf ihn. Les und Bachmaier neugierig-interessiert, Gaby unsicher-ängstlich, ich gleichgültig. Ich fühlte, wie das Gefühl einer ungeheuren Wurstigkeit über mich kam. Spielten mir meine überstrapazierten Nerven einen Streich? War es die Wirkung des Whiskys auf den leergekotzten Magen? Oder hatte mir Gaby ein Beruhigungsmittel in den Scotch gemixt? Mir war es im Grunde genommen egal. Sollten sie doch mit mir machen, was sie wollten. Ich war nur müde.
»Was glauben Sie, was ich nun machen soll?« ließ sich Kupfer vernehmen. Obwohl seine Stimme nicht ohne Schärfe war, so waren doch Zorn und Ärger aus ihr fast verschwunden. »Soll ich Ihnen vielleicht wonneschluchzend um den Hals fallen, weil Sie meine Arbeit getan haben?«
»Nein, nein, aber...«, versuchte ich zu unterbrechen.
»Ich hatte Sie gebeten, Sie gewarnt, Ihnen gedroht, sich aus diesem Mordfall herauszuhalten. Aber nein, Sie müssen in den Fall einsteigen. Zugegeben, Sie haben richtig gedacht und sauber kombiniert, aber spätestens, als Sie die Namen der drei toten alten Männer in den Versicherungsakten entdeckten, hätten Sie bei mir aufkreuzen müssen...«
»...damit Sie eine Aktion starten, diese Akten beschlagnahmen lassen und mich dem Vorstand meines Unternehmens gegenüber wegen unterlassener Information ins Unrecht setzen«, unterbrach ich ihn.
»Menschenskind«, polterte er los, »wir können doch miteinander reden, ober nicht?«
»Hinterher kann das jeder sagen«, maulte ich.
Bachmaier blickte mich warnend an.
»Lassen Sie mich auch einmal etwas sagen, Chef«, forderte er.
»Was denn?« fragte Kupfer unwillig.
»Geben wir doch offen zu: Ohne Lamberts Aktivitäten würden wir doch noch auf der Stelle treten. Durch ihn sind wir jetzt auf der richtigen Spur.

Ich meine, daß Rechtsanwalt Strölinger zwar ein Kopf, aber nicht das Haupt der Bande ist. Ich habe mir da in der letzten halben Stunde so ein paar Gedanken gemacht. Und dabei hat sich ein Name festgesetzt und der lautet Bergmeister, Staatsanwalt Werner Bergmeister ...«
»Sie spinnen, Bachmaier«, sagte Kupfer scharf, »jetzt gehen Sie aber einen Schritt zu weit!«
Ohne diesen Einwand zu beachten, fuhr Bachmaier fort: »Staatsanwalt Bergmeister, der Schrecken aller Verkehrssünder, der scharfe Hund und Kontrahent von Strölinger, wenn es um Verkehrsstrafsachen geht, führt mir ein zu flottes Leben. Er hat am Olympiagelände eine stinkteure Eigentumswohnung und fährt einen Fünfzigtausend-Mark-Porsche. In den letzten Monaten und Wochen tauchte sein Name auch immer wieder in den Klatschspalten unserer Boulevardblätter auf. Dies läßt doch auf einen nicht gerade armen Bekanntenkreis und ein luxuriöses Leben schließen. Ein bißchen viel Aufwand für einen ganz normalen Staatsanwalt treibt der Bergmeister, finden Sie nicht auch?«
»Treten Sie kurz, Bachmaier«, rief Kupfer warnend, »ich dulde es nicht, daß durch Klatsch und Tratsch ein Mann unserer vorgesetzten Behörde ins Gerede kommt.«
Ich blickte auf Les. Der war genauso überrascht wie ich. Staatsanwalt Bergmeister im Zwielicht, jedenfalls bei Bachmaier. Ich war nicht nur überrascht, ich war platt. Hatte ich gar mit meiner gestern aufgestellten Theorie einen Sonntagstreffer erzielt? Les ließ seinen Blick rasch von Bachmaier über Kupfer zu mir wandern. Seinen Zeigefinger hatte er, Schweigen andeutend, an die Lippen gelegt. Ich schlug die Augen nieder, Verstehen signalisierend.
»Bergmeister«, stieß Bachmaier unbeirrt, doch mit Bitterkeit in der Stimme hervor, »ins Gerede, daß ich nicht lache! Im Ernst, Chef, sind Sie schon so hoch oben, daß Sie nicht mehr mitbekommen, was sich unten bei uns, bei Ihrer Mannschaft zum Beispiel, abspielt, worüber in den Dienstzimmern, in den Bereitschaftsräumen der einzelnen Abteilungen geredet wird? Ich habe da auch noch ein paar Informationen von der Verkehrspolizei, die mich sehr nachdenklich stimmen.«
»Waaas?« rief Kupfer verärgert und erstaunt zugleich.
»Nicht hier«, sagte Bachmaier rasch, bevor Kupfer nachhaken konnte.
Dann fuhr er fort: »Wir sitzen hier und haben eine mordsmäßige Wut auf Lambert, weil er uns eine Menge Informationen vorenthalten hat. Gut, das ist ja nen Anschiß wert. Aber das, was ich in der letzten Stunde von ihm gehört habe, hat mich schon sehr nachdenklich gemacht. Ich verstehe

auf einmal dieses Gerede, Geraune, Rumoren, die Gerüchte in den Büros der einfachen Polizisten. Aber all dies scheint vor den Chefzimmern im Präsidium haltzumachen. Ich glaube, Chef, wir beide werden heute eine lange Nacht haben!«
Kupfer blieb von Bachmaiers Worten unberührt, oder er gab sich wenigstens so.
»Das ist eine ganz andere Angelegenheit, die nur uns Polizisten etwas angeht. Für mich ist es nach wie vor schlicht und einfach eine Sauerei, wie Lambert versucht, auf unserem Feuer seine Suppe zu kochen. Eine Suppe, die einem Ganoven so wenig schmeckt, daß er deswegen einem seiner Spießgesellen einen Schraubenzieher durch den Nacken rammt und auf der Suche nach den von Lambert erwähnten Beweisen einen Betrieb völlig auf den Kopf stellt.«
Diese Worte trafen mich wie Hammerschläge. Kupfer gab mir damit zu verstehen, daß er mich für den Schuldigen an Buchbergers Tod hielt. Ich saß wie erstarrt. Kupfers Worte dröhnten in meinen Ohren. Und dieses Dröhnen wurde immer lauter. Schuld zog wie eine drohende Gewitterwolke auf mich zu. Kupfer und Bachmaier, Gaby und Les hatten sich erhoben und verließen das Zimmer. Ich goß mein Glas mit Whisky voll und leerte es auf einen Zug. Dann kam Gaby zurück, setzte sich neben mich auf die Armlehne des Sessels und zog meinen Kopf an ihre Brust.
»Mein armer Liebling«, flüsterte sie zärtlich und voll Mitgefühl.
»Laß mich allein«, bat ich leise.
»Ja, Klaus«, sagte Gaby. Ihre schönen Augen schwammen in Tränen, als sie das Wohnzimmer verließ.
Ich lehnte mich zurück, griff nach Glas und Flasche und versuchte, alle Angst und Schuld dieser Welt mit einem Meer von Whisky wegzuspülen.

Montag, 24. Januar
Ich saß wieder in meinem Büro und vertrieb mit starkem, heißem Kaffee die allerletzten Nachwehen der Whiskyorgie, die ich am Samstagabend veranstaltet hatte. Bereits gestern hatten Gaby und ich nichts anderes getan, als meinen Kater zu kurieren, der so groß gewesen war wie ein ausgewachsener Elefant. Am frühen Nachmittag hatte Gaby versucht, mich mit Alka Seltzer aus der Horizontalen in die Vertikale zu bringen. Nach heißen und kalten Duschen hatten zwei große Klaus-Lambert-Spezial-Katerkiller mich soweit aufgerichtet, daß ich Gabys Vorschlag, in eine Sauna zu gehen, folgen konnte. Nachdem in drei Zehn-Minuten-Gängen in der Sauna eines nahe gelegenen Fitnesszentrums in Unter-

föhring fast purer Whisky aus meinen Poren gesickert war, vertrieb ein Spaziergang in der klirrenden Kälte des frühen Sonntagabends bis auf einige Rückstände die Auswirkungen des riesigen Besäufnisses. Ein leichtes Abendessen und fast zehn Stunden Schlaf hatten mich wieder fit gemacht. Die Angst und die mir von Kupfer eingeredeten Schuldgefühle waren einer trotzigen »Jetzt-erst-recht-Stimmung« gewichen. Jetzt wollte ich es wissen. Mir war es nun egal, wie Kupfer reagieren würde. Verdammt noch mal, wer war ich denn? Welcher Mann läßt es sich auf Dauer gefallen, daß er mit Säure bespritzt und verprügelt wird, daß man seinen Wagen zerschießt? Und als ich dann versuchte, einmal zurückzutreten und ebenfalls auszuteilen, um nicht nur einstecken zu müssen, war ein Mensch auf der Strecke geblieben. Wer, glaubte eigentlich Kupfer, hatte mit dem Betrügen und Morden angefangen? Der tat ja gerade so, als sei ich allein an allem schuld. Nein, von nun an würde ich, um bei Kupfers Worten zu bleiben, meine Suppe auf meinem eigenen Feuer kochen, und zwar eine Suppe nur nach meinem Geschmack. Herrgott noch mal, dachte ich, das kann der doch mit mir nicht machen, und hieb mit der flachen Hand auf den Schreibtisch, und zwar so laut, daß meine Sekretärin den Kopf zur Tür hereinstreckte und fragte: »Ist was?«
Ich zündete mir eine Zigarette an, lehnte mich bequem zurück und versuchte mich zu beruhigen, um wieder einen klaren Gedanken fassen zu können. Bedächtig den Rauch inhalierend, ihn genießerisch durch Mund und Nase als lange Fahnen in den Raum ausstoßend, spürte ich, wie die Empörung langsam von mir wich. Ich begann, die Erinnerung an das Samstagabendgespräch mit Kupfer und Bachmaier hervorzukramen. Die beiden Polizisten wußten nun alles über den Fall. Sollten sie doch mit diesem Wissen machen, was sie wollten. Doch Bachmaier hatte einen interessanten Namen genannt. Staatsanwalt Bergmeister. Der war in der ganzen Region bekannt, als unnachsichtiger, harter, stets Höchststrafen fordernder und oft auch erreichender Anklagevertreter in Verkehrsstrafprozessen. Ich schrieb drei Namen auf den Notizblock, der vor mir auf dem Schreibtisch lag. Buchberger – Strölinger – Bergmeister. Ein Inhaber einer Autoreparaturwerkstatt; ein Rechtsanwalt, der Straßenverkehrsrechtexperte war; ein Staatsanwalt, berühmt und berüchtigt als Verfolger von Verkehrsdelikten. Das war doch eine nahezu ideale Kombination, wenn man es darauf anlegte, durch erfundene und inszenierte Verkehrsunfälle bei Autoversicherern im großen Stil abzukassieren! Buchberger war durch meine Recherchen zur Gefahr geworden, also wurde er ermordet. Die beiden Rentner, die »verunglückt« waren, wollten viel-

leicht seinerzeit als Zeugen nicht mehr mitspielen. Also weg mit ihnen. Erwin Rucker war erschlagen worden. Die Mörder hatten sich nicht einmal die Mühe gemacht, ihre Tat zu tarnen. Im Gegenteil, es sah ganz so aus, als sollte mit dem Mord an Rucker eine Warnung ausgesprochen werden. Und Buchbergers Wachhund Wladimir Kowalenko machte die Dreckarbeit; er mußte Genicke brechen, Menschen totfahren, totschlagen; Menschen mit Säure bespritzen, verprügeln; auf Menschen aus seiner Tokarew schießen! Wo war er denn geblieben, schoß es mir blitzartig durch den Kopf. Sein Herr und Meister war doch nun tot. Um ihn sollten sich die Polizisten jetzt kümmern, dachte ich.
Und wie viele alte Menschen mochten zur Zeit noch zittern, sich vor dem Alleinsein, vor der Dunkelheit fürchten, ständig in der Angst leben, Ruckers Schicksal teilen zu müssen. Diese Frage konnte nur eine große Computeraktion des Verbandes der Autoversicherer beantworten, die von der Polizei auszuwerten war. Dies jedoch war im Augenblick nicht mein Bier. Mich interessierten nicht die kleinen Fische. Ich wollte den großen Hai, den Killerhai an meine Angel bekommen. Ich mußte mehr über Bergmeister und Strölinger erfahren. Nicht über ihre berufliche Tätigkeit, sondern über ihr Privatleben. Und wer wußte darüber mehr als die Klatschkolumnisten der drei Münchner Boulevardzeitungen. Vielleicht ließ sich aus vielen kleinen Steinchen ein schönes, buntes und vor allem aufschlußreiches Mosaik zusammensetzen. Ich erhob mich und holte meinen Mantel aus dem Schrank. Ich beschloß, in Zeitungsarchiven zu wühlen, mit Journalisten zu reden. Ich sagte meiner Sekretärin, ich hätte bei der Abendzeitung eine Besprechung, und machte mich auf den Weg in die Innenstadt. Der Zustrom extrem kalter Polarluft hielt weiterhin an. München begann, sich langsam an Durchschnittstemperaturen unter zehn Grad minus zu gewöhnen. Trotzdem kam es mir vor, als liefe ich gegen eine eisige Wand, als ich am Marienplatz die Treppen der U-Bahn-Station hinaufeilend ins Freie trat. Nach wenigen Minuten stand ich im Archiv der Abendzeitung. Allmählich wurde ich für den Archivar und seine Mitarbeiter ein bekannter Kunde.
»Sie haben Glück«, informierte er mich, »nächste Woche beginnen wir mit der Mikroverfilmung der Exemplare der vergangenen Jahre.« Dann zeigte er mir, wo ich die Ausgaben des vergangenen Jahres finden und in Ruhe durchsehen konnte. Mit einer Tonne Zeitungsbände zog ich mich an einen abseits stehenden Tisch zurück und machte mich daran, die Ausgaben der Abendzeitung des vergangenen Jahres vom 2. Januar an durchzusehen. Konzentriert ackerte ich mich durch die Zeitungen, mir ab

und zu ein Datum, eine Schlagzeile, eine Überschrift, Namen aus Berichten über gesellschaftliche Ereignisse notierend. Endlich hatte ich die letzte Seite der Silvesterausgabe überflogen. Ich blickte auf die Uhr. Sie zeigte mir, daß es vier Uhr nachmittags geworden war. Ich hatte mehr als sechs Stunden hier in diesem Archiv gesessen. Doch mit der Ausbeute war ich zufrieden. Besuche bei den anderen beiden Zeitungen und persönliche Gespräche mit den Journalisten waren überflüssig geworden. Stück für Stück hatte ich Einzelheiten aus Polizeiberichten, Gerichtsreportagen und der Klatschkolumnen zu einem Bild zusammengefügt, das, vor dem Hintergrund der Versicherungsbetrügereien und der Morde, mich in meiner Theorie bestärkte. Da erschien mit einem Mal der Staatsanwalt Werner Bergmeister mit dieser oder jener Schauspielerin, Fernsehansagerin oder sonst einem Renommierweibchen auf jenen Feten und Parties, auf denen sich die Leute tummeln, die sich gerne »Jet-Set« nennen lassen. Der Chronist unserer schönen Münchner Stadt, Siegfried Sommer, hatte einmal dafür die gar nicht so unpassende Charakterisierung »Nerzgesindel« geprägt. Strölinger und seine Frau Vera waren seit langem fester Bestandteil dieser Schickeria. Prozeßberichte und Gerichtsreportagen bewiesen, daß Strölinger in der Tat als Anwalt für verschiedene Teilzahlungskreditbanken, Autovermietungen und Reparaturwerkstätten im Sinne der berüchtigten Unfallhelferringe tätig war. Mich wunderte nur, daß er dennoch in Fachkreisen ein verhältnismäßig hohes Ansehen genoß. Während diese Prozeßberichte und Gerichtsreportagen Bergmeister und Strölinger auch stets als unversöhnliche Kontrahenten erscheinen ließen, vergnügten sie sich in schöner Eintracht auf den Partys der Münchner Schickeria. Ein Foto zeigte sogar Bergmeister und Strölingers Frau Vera eng umschlungen in einer Nobel-Discothek tanzend, ein anderes den Staatsanwalt und den Rechtsanwalt inmitten eines Schwarms zu allem bereiter, karrieresüchtiger Starlets. Auf der einen Seite wurde von beiden alles getan, um eine Gegner-, ja Feindposition zwischen sich aufzubauen und am Leben zu halten. Privat aber, da kannte und verstand man sich. Was hatte die beiden Männer zusammengeführt? Eine Frage, die noch beantwortet werden mußte, ging man auf die Suche nach dem Motiv für die Verbrechen. Mir zeigte das Bild, das ich mir im Archiv der Abendzeitung zusammengefügt hatte, daß ich mit meiner These richtig lag. Über diesen Gedanken war ich wieder in meinem Büro angelangt. Ich rief nacheinander Les und Bachmaier an und lud sie zu einem Abendessen um neunzehn Uhr in eine Altmünchner Gaststätte in der Stadtmitte ein. Beide sagten unverzüglich zu. Dann telefonierte ich mit Gaby und bat sie, mit dem Essen nicht auf mich zu warten. Nachdem ich ihr durchs Telefon einen langen Kuß gegeben hatte, machte ich mich konzentriert an die Arbeit, für die mich die Versicherungsgesellschaft bezahlte. In zwei Stunden hatte ich wenigstens die wichtigsten Dinge erledigt und konnte mit fast reinem Gewissen mit der U-Bahn in die Stadt zum Treffen mit Bachmaier und Les fahren.

Gegen neunzehn Uhr betrat ich als erster von uns dreien das gemütliche Lokal. In einer Ecke fand ich einen leeren Tisch. Ich ließ mich nieder und bestellte mir ein Bier. Ich hatte gerade den ersten durstigen Schluck getrunken, als Les in den Gastraum trat und sich suchend umblickte. Mit einer winkenden Handbewegung machte ich ihn auf mich aufmerksam.
»Was gibt es Neues?« fragte er, als er sich an den Tisch setzte.
»Eine ganze Menge interessanter Tatsachen, wenn man davon absieht, daß ich wieder stocknüchtern bin«, antwortete ich.
Über alltägliche Dinge redend, rauchend und Bier trinkend, warteten wir auf Bachmaier. Nach drei Bieren oder einer Stunde trat ein sehr müder und abgekämpfter Polizist an unseren Tisch.
»Bevor ich nicht etwas Ordentliches gegessen und eine Halbe Bier getrunken habe, bekommt ihr kein Wort aus mir heraus«, sagte er, ließ sich ein Bier bringen und versteckte sich hinter der umfangreichen Speisekarte. Er bestellte Hasenkeule mit Pfifferlingen, Blaukraut und Semmelknödel. Das klang gut. Les und ich schlossen uns Bachmaier an. Nachdem die Speisen aufgetragen waren, machten wir uns hungrig darüber her. Während wir uns dem Genuß des guten Essens und des gepflegten Bieres hingaben, wechselten wir kein Wort. Als dann die leergegessenen Platten und Teller abgeräumt waren, die Zigaretten brannten und frisch gefüllte Biergläser vor uns standen, hub Bachmaier an, nachdem er leise, aber dennoch genußvoll-satt gerülpst hatte.
»Bei uns herrscht vielleicht ein Betrieb und eine Stimmung. Kupfer hat das gesamte MK1 in Sonderalarm versetzt. Er selbst hat sich seit Sonntagmorgen in seinem Büro eingeschlossen und knobelt daran herum, wie er die zuständige Staatsanwaltschaft dazu bewegen kann, einen Beschlagnahmungsbefehl für alle die Versicherungsakten zu erwirken, die Sie, Freund Lambert, in Ihrem Bericht erwähnten. Das ist für ihn deshalb so schwer, weil er den Antrag so formulieren will, daß er Sie damit vor dem Vorstand Ihrer Versicherung nicht in Schwierigkeiten bringt.«
»Das ist sehr anständig von Kupfer«, warf Les ein.
»Ich fände es ziemlich mies, wenn er anders handeln würde«, sagte ich.

»Okay«, sagte Bachmaier, seinen Faden wieder aufnehmend, »das ist das eine. Doch die Überraschung des Tages kommt noch. Jetzt haltet euch fest. Wladimir Kowalenko, der Knochenbrecher, ist tot.«
»Was, tot?« riefen Les und ich wie aus einem Mund.
»Ja, tot«, wiederholte Bachmaier, »Samstag, nach unserem Gespräch bei Fräulein Dr. Schäffler, ließ der Chef noch eine Fahndung nach ihm rausgehen und erwirkte wegen Mordverdachts in drei Fällen einen Haftbefehl gegen ihn. Beamte begannen, nach ihm zu suchen. Nachbarn in Buchbergers Wohnhaus sagten aus, sie hätten ihn gestern noch in der Wohnung gesehen. Dann fanden wir bei der Durchsicht von Buchbergers Papieren heraus, daß er ein Wochenendhaus in der Nähe von Tegernsee besaß. Dort trafen wir dann heute am frühen Morgen Kowalenko an, als er gerade im Begriff war, mit großem Gepäck auf eine weite Reise zu gehen. Als sich ihm die Polizeibeamten näherten und ihn aufforderten, sich zu stellen, zog er eine Pistole und eröffnete sofort das Feuer. Zwei Beamte wurden durch seine Schüsse verletzt. Bei dem folgenden Feuergefecht wurde Kowalenko von vier Schüssen tödlich getroffen. Nun ratet mal, was für eine Waffe er benützte?« Bachmaier ließ Les und mir keine Zeit, seine Frage zu beantworten. Er lehnte sich zurück und sagte: »Er schoß mit ner stinknormalen 7.65er Walther PPK. Von einer Tokarew weit und breit keine Spur.«
»Das darf doch wohl nicht wahr sein«, stöhnte Les.
»Da wird doch der Hund in der Pfanne verrückt!« rief ich aus, so laut, daß sich an den Nebentischen die Leute umdrehten und neugierig auf uns blickten. Und resigniert fügte ich hinzu: »Fangen wir halt wieder von vorne an.«
»Muß nicht unbedingt sein«, ließ sich Les vernehmen.
»Warum?« fragte ich verwundert.
»Schießen Sie los«, ermunterte ihn Bachmaier, interessiert in die Runde blickend.
»Also«, begann Les, »wir gingen bisher davon aus, daß der Säureanschlag auf Klaus, die Niederprügelei in Buchbergers Werkstatt, die Schüsse aus der Tokarew auf das Konto von Kowalenko gingen. Ersetzen wir ihn durch eine andere Figur, dann stimmt alles wieder!«
»Lieber Captain Ransome, Freund und Kollege, Sie sprechen Theorien aus, für die Ihnen Kupfer mit dem blanken Hintern ins Gesicht springen würde«, warf Bachmaier dazwischen.
»Ob es Ihnen, lieber Herr Kriminalobermeister, und Ihrem Kriminalrat nun paßt oder nicht«, schaltete ich mich ein, »ich schließe mich der

Theorie von Les an.« Und ich erzählte Bachmaier von meiner Theorie über Bergmeister, die ich am Freitagabend im Gespräch mit Les entwikkelt hatte. »Was ich dazu am Samstag von Ihnen über Bergmeister hörte und was ich heute an Informationen zusammengetragen habe, läßt mich glauben, daß der Staatsanwalt Werner Bergmeister durchaus in der Lage ist, für alle diese Anschläge und Morde mit verantwortlich zu sein, wenn er nicht sogar selbst daran beteiligt ist.«

Les nickte zustimmend. Bachmaier stieß die Luft mit einem scharfen Laut durch die Zähne aus.

»Jetzt ist es endlich heraus! Und ich bin genau Ihrer Ansicht. Nur haben wir gegen Bergmeister nicht die Spur eines Beweises. Wenn ich den Namen Bergmeister in Kupfers Gegenwart auch nur erwähne, gerät er aus dem Häuschen.«

»Lassen Sie mich ohne Behinderung weitersuchen«, sagte ich zu Bachmaier, »dann liefere ich Ihnen den Bergmeister frei Haus.«

»Ihr Wort in Gottes Ohr«, stieß Bachmaier hervor.

»Ich glaube, den Jungen sticht der Hafer«, sagte Les.

Bachmaier machte Anstalten, aufzubrechen.

»Moment noch«, stoppte ich ihn. »Eine Frage müssen Sie mir noch beantworten. Eines kapiere ich nicht, helfen Sie mir weiter.«

»Okay«, sagte Bachmaier, »aber machen Sie es kurz. Ich bin satt, voll mit Bier und hundemüde.«

»Es werden vier Morde begangen und eine Anzahl von Versicherungen wahrscheinlich um Millionenbeträge betrogen. Wenn man einmal von Kowalenko absieht, haben wir drei Namen auf der Liste: Buchberger, Strölinger, Bergmeister. Die können doch nicht ohne Helfer gearbeitet haben. Die Morde, die sorgfältig arrangierten Verkehrsunfälle! Sie brauchen doch Komplizen. Ich bin sicher, es gibt da eine organisierte Bande, die aber auch irgendwie zu packen sein muß. Jede Gang hat doch eine schwache Stelle. Wer und wo sind diese Gangster, die Helfer, die Helfershelfer?«

Bachmaier schüttelte betrübt den Kopf. »Herr Lambert, mit dieser Frage haben Sie den Finger genau auf den wunden Punkt des ganzen Falles gelegt. Würde es sich hier um eine Bande mit festen Mitgliedern handeln, so hätten wir die Burschen längst am Arsch, denn, wie Sie richtig sagen, eine schwache Stelle würde es dann sicher geben. Aber Strölinger und Bergmeister arbeiten nach einem ebenso einfachen wie genialen System. Keine Bande, keine schwachen Punkte. Für jedes Unternehmen werden neue Ganoven, die auf ne schnelle Mark aus sind, rekrutiert. Die wissen nicht, worum es insgesamt geht; sie kennen immer nur einen schmalen Ausschnitt des Ganzen. Für die Bosse etwas teurer, aber um so sicherer. Sie sehen, wir haben bisher noch keine Beweise gegen Strölinger und Bergmeister. Was Lambert gegen Buchberger sammeln konnte, war ein Glückstreffer, und den Buchberger gibt es ja schon nicht mehr. Der Strölinger ruft zum Beispiel in Frankfurt an und sagt einem Ganeff, da muß in München einem neugierigen Journalisten etwas Säure verpaßt werden. Dieser Journalist ist der und der und er arbeitet da und da. Kauft ihn euch. Die Burschen fahren nach München, schütten Ihnen die Säure über Ihren Alabasterleib, kassieren ihr Honorar und schwirren wieder ab nach Frankfurt. Oder Bergmeister ruft in Köln eine Nummer an und sagt, hier in München gibt es den Buchberger, der hat für mich kompromittierende Kontoauszüge, sucht sie, und schafft mir den Kerl vom Hals. Ein paar Typen kommen nach München, stellen Buchbergers Laden auf den Kopf, stecken ihm einen Schraubenzieher in den Nacken, legen die Kontoauszüge in ein Schließfach, entnehmen diesem ihr Honorar, und ab geht die Post zurück nach Köln. Nun ermittelt mal schön, verlangt von uns dann die Öffentlichkeit. Zu einfach für die Ganeffs ist das, sage ich.«

Mit diesen Worten leerte er sein Bierglas, erhob sich und schlüpfte in den Ledermantel.

»Servus und Dank für Speis und Trank«, sagte er zu mir, »Servus Kollege«, zu Les und verschwand aus dem Lokal. Ich rief die Bedienung und zahlte. Les, der seinen Mustang ganz in der Nähe geparkt hatte, brachte mich hinunter nach Schwabing zum Fuchsbau. Ich sagte ihm danke für die Fahrt und vereinbarte mit ihm, daß ich ihn, wenn sich Neues ergäbe, anrufen würde. Dann ging ich in die Tiefgarage, setzte mich in den Golf und fuhr hinaus nach Freimann.

Gaby saß lesend auf der Couch, die Beine unter sich gezogen. Sie trug ein dunkelblaues, weitwallendes Hauskleid, das ihre Körperformen jedoch nur unvollständig verbarg. Ihr langes blondes Haar schimmerte im milden Licht der Stehlampe wie ein Kornfeld in der Abendsonne. Eine Welle von Zärtlichkeit überflutete mich. Ich beugte mich über sie und küßte sie lange.

»Es tut mir leid, was ich dir in den vergangenen Tagen angetan habe«, flüsterte ich.

»Ich weiß das, Klaus, und bin dir deswegen nicht böse. Versuche nur, ein klein wenig mich zu verstehen. Ich mache mir Sorgen um dich und habe Angst, weil ich dich liebe.« Ihre Stimme wurde weich und dunkel wie schwarzer Samt, als sie mich mit den Worten: »Laß uns alles vergessen« zu sich herunterzog.

Dienstag, 25. Januar
Es war fast auf die Minute genau zehn Uhr, als mich die Klingel des Telefons von einem Manuskript hochschreckte, das ich für die Mitarbeiterzeitschrift redigierte. Ich hob den Hörer ans Ohr und meldete mich. Am anderen Ende der Leitung war der Bereichsleiter Autoversicherungen. Mit dürren Worten teilte er mir mit, daß ich das Interview mit Rechtsanwalt Strölinger vergessen könne. Auf meine Frage nach dem Grund dafür teilte er mir mit, er habe soeben von Kollegen anderer Versicherungskonzerne und aus Bankkreisen erfahren, daß Strölinger seit gestern Mittag verschwunden sei. Mit ihm eineinhalb Millionen gute Deutsche Mark Klientengelder, die auf seinen Konten lagen und zur Weitergabe an Teilzahlungsbanken bestimmt waren. Er erklärte mir auch noch, daß sich die Branche in hellem Aufruhr befinde. Ich dankte ihm für die rasche Information und warf den Hörer auf die Gabel.
Jetzt wurde es spannend. Wenn Strölinger, was anzunehmen war, auch noch Zugang zu den Konten hatte, deren Auszüge ich in Buchbergers Büro gesehen hatte, dann war Strölinger jetzt mit gut und gerne zweieinhalb Millionen harter Deutscher Mark im Sack untergetaucht. Ich griff zum Telefon und rief mir ein Taxi. Dieses brachte mich in weniger als zehn Minuten in die Nymphenburger Straße, wo sich Strölingers Kanzlei befand. Ich war mir nicht im klaren darüber, was mich dazu getrieben hatte, einfach in Richtung der Anwaltskanzlei loszupreschen. Jedenfalls stand ich nun vor der Tür des Büros und drückte den rechten Daumen auf den Klingelknopf. Die Glocke schrillte. Doch nichts rührte sich, kein Geräusch war zu hören. Ich drückte noch einmal auf den Knopf der Klingel. Wieder schrillte die Glocke. Wieder Stille. Ich griff nach dem Türknopf und drückte sacht dagegen. Mit einem leisen Klacken des automatischen Schlosses sprang die Tür auf. Vorsichtig drückte ich sie so weit auf, daß ich in die Diele treten konnte. Durch die Riffelglasfüllung der Türen fiel graues Licht auf Fußboden, Wände und Mobiliar. Die zweite Tür auf der linken Seite der Diele, die Tür zu Strölingers Büro, stand einen Spalt offen. Eine Frauenstimme, die offenbar in eine Telefonmuschel sprach, war zu hören. Auf Zehenspitzen schlich ich näher und lauschte der Stimme. Ich verstand deutlich jedes einzelne Wort.
»... mein Gott, Werner, ich sage dir doch, alle Konten, an die er herankonnte, auch die von Buchberger, sind leer ...«

»Wo er sich aufhalten könnte? Was fragst du mich das? Ich habe keinen blassen Schimmer ...«
»... was, eine Mordswut? Ich auch, und ich sage dir, das wird ihn teuer zu stehen kommen, das verspreche ich dir. Den Kerl schnappe ich mir persönlich, auch wenn ich ihm barfuß durch die ganze Arktis nachlaufen muß.«
»... was ich jetzt mache? Ganz, ganz wenig, Liebling, denn ich habe noch genau hundertfünfzig Mark, und keinen roten Heller mehr. Der Kerl hat doch wirklich das Geld bis auf den letzten Pfennig zusammengekratzt.«
»... wie du meinst. Aber gemeinsam werden wir die Sache schon wieder hinkriegen, nicht wahr, Liebling.«
»... auch ein Kuß für dich. Bis später.«
Ich hörte, wie der Hörer auf die Gabel gelegt wurde, und vernahm dann das Geräusch tiefer Atemzüge. Ich zählte im Geiste bis zehn und klopfte dann laut und fordernd an die Tür.
»Wer ist ... was ist?« fragte eine sehr erschrockene Stimme. Ich öffnete die Tür und trat in das Zimmer. Vor mir, am Fenster neben dem Schreibtisch, stand die Frau des verschwundenen Rechtsanwalts. Vera Strölinger war eine jener Blondinen, für die ein Bischof eine Hypothek auf seinen Dom aufgenommen hätte. Eine löwenfarbene Mähne hing weich fallend über die Schultern. Graugrüne Augen blickten träge aus einem schmalen Gesicht mit einer hohen Stirn, einer geraden Nase mit sanft vibrierenden, dünnen Flügeln und vollen dunkelroten, leicht geöffneten Lippen. Vera Strölinger trug ein milchkaffeefarbenes Kleid aus Seidenjersey, das ihre schlanke, doch weiblich-füllige Figur vorteilhaft zur Geltung brachte. An einer einfachen Goldkette baumelte ein großer, funkelnder Stein zwischen ihren vollen Brüsten. Ihre langen Beine waren schlank und fest. Ihre Hände schmal, die überlangen Fingernägel dunkelrot lackiert. Vera Strölinger konnte dreißig, aber auch vierzig Jahre alt sein.
Bedeutete eine Frau wie Gaby Schäffler für einen Mann Leben, Heiterkeit, Freude und fröhliche Erotik, so verhieß Vera Strölinger Laszivität, Hingabe, Leidenschaft, einen Hauch von Verderbtheit.
»Wer sind Sie? Was wollen Sie?« fragte sie mißtrauisch.
»Verzeihen Sie, daß ich hier so einfach eindringe. Aber ich bin mit Rechtsanwalt Strölinger verabredet, um ein Interview durchzusprechen. Mein Name ist Klaus Lambert ...«
»Ach, der sind Sie. Ich erinnere mich, daß mein Mann Ihren Namen einmal erwähnt hat ...«

»... vielleicht im Zusammenhang mit Otto Buchberger ...«, unterbrach ich sie.
Vera Strölinger richtete sich kerzengerade auf.
»Was wollen Sie damit sagen?« fragte sie mehr aus Schreck, als eine Antwort fordernd.
»Gar nichts«, antwortete ich, »unser Gespräch, das Interview, drehte sich nämlich um die sogenannten Unfallhelferringe. Strölinger hatte doch ähnliche Vereinbarungen mit Kfz-Reparaturwerkstätten, darunter auch mit Buchberger.«
»Ach so, ja natürlich«, sagte sie tief einatmend und sichtlich erleichtert.
»Also, wann kann ich mit Rechtsanwalt Strölinger sprechen?« fragte ich.
»Ich glaube, Sie werden auf dieses Gespräch einige Zeit warten müssen. Mein Mann ist leider plötzlich auf unbestimmte Zeit verreist.«
»So?« fragte ich gedehnt, weniger Unglauben als Spott in meinem Tonfall.
Vera Strölingers Stimme klang fast brüchig, als sie sagte: »Ach was! Sie als Versicherungsmann werden es sowieso bald erfahren. Mein Mann hat mehr als eine Million Klientengelder veruntreut und ist seit gestern spurlos verschwunden.«
Die Niedergeschlagenheit verwandelte sich plötzlich in Wut. So mochte sie ausgesehen haben, als sie mit diesem Werner telefonierte.
»Kann ich Ihnen irgendwie behilflich sein?« fragte ich, nur um etwas in diese Situation hinein sagen zu können und nicht schweigen zu müssen.
»Nein danke, ich habe schon meine Freunde«, sagte sie, und ihre Züge entspannten sich.
»Werner Bergmeister, oder?« sagte ich, winkte grüßend mit der Hand und verließ das Zimmer.

Im Büro angekommen, rief ich Bachmaier an und erzählte ihm die Neuigkeit.
»Mir bleibt aber auch in diesem Fall nichts erspart. Aber sagen Sie, woher wissen Sie das eigentlich?«
In dieser Frage lag Neid.
»Die Kommunikation zwischen den Versicherungsunternehmen klappt stets vorzüglich. Ganz besonders aber dann, wenn's ums Geld geht«, antwortete ich ihm.
»Hätte ich mir denken können!«

»Aber Sie können doch mit der Information etwas anfangen. Eine Fahndung nach Strölinger anlaufen lassen...«
»Gar nichts können wir tun«, unterbrach er mich, »bevor wir nicht von seiner Frau eine Vermißtenanzeige haben oder von anderer Seite eine Anzeige wegen Veruntreuung oder Betrug eingeht.«
»Die wird es in den nächsten Tagen bei euch hageln«, meinte ich.
»Da haben Sie recht«, sagte Bachmaier, »aber trotzdem, besten Dank für die Informationen. Servus.«
»Gern geschehen. Servus.«
Dann rief ich Les an und erzählte ihm die gleiche Story wie Bachmaier plus meiner Vermutung über Bergmeister. Les meinte, Strölingers Verschwinden sei sicher keine Spontanreaktion, sondern von langer Hand vorbereitet gewesen. Und mit einem solchen Haufen Geld über die Grenzen ins Ausland zu verschwinden sei heute durch die scharfen Kontrollen im Gefolge der Fahndung nach Terroristen gar nicht so einfach. Er persönlich glaube, Strölinger sei nicht ins Ausland geflohen, sondern halte sich hier in München in einem vorbereiteten Versteck verborgen, bis sich die Wogen geglättet hätten. Daran solle ich denken, empfahl er mir mit einem ironisch-gönnerhaften Unterton in der Stimme, wenn ich weiterhin Detektiv spielen wolle. Und ich solle auch daran denken, daß Bergmeister kein Idiot sei, nach Strölinger suche oder suchen lasse und sicher ähnliche Überlegungen anstelle. Ich dankte ihm und versprach, mich so bald wie möglich mit neuen Informationen wieder bei ihm zu melden.
Teufel auch, dachte ich, als ich den Hörer auflegte. Les hatte natürlich recht. Ging ich jetzt auf die Suche nach Indizien, die Bergmeisters Schuld und seine Beteiligung an den Versicherungsbetrügereien und Morden bewiesen, oder ans Licht brachten, daß er der Kopf des Ganzen war, so mußte ich unweigerlich auch nach Strölinger fahnden. Dabei konnte ich natürlich Bergmeister in die Quere kommen, sogar mit ihm kollidieren. Dies barg große Gefahren. Jetzt, wo es turbulent und das ganz große Geld verteilt wurde, würde ein Mann wie Bergmeister vor gar nichts mehr zurückschrecken, um die Ernte einbringen zu können. Dennoch: Ich mußte sehen, wie ich weiterkam. Zunächst, so überlegte ich, wäre wichtig, zu wissen, wie Vera Strölinger und Werner Bergmeister wirklich zueinander standen. Dann mußte ich herausbekommen, ob Strölinger eine Freundin, eine Geliebte hatte, bei der oder mit der er untergetaucht sein könnte.
Nach einem kurzen Mittagessen in der Betriebskantine machte ich mich

an diese Recherchen. Ich angelte mir das Telefon und rief den Gesellschaftskolumnisten der Abendzeitung an.
»Hallo«, meldete er sich, mit seiner stets nervös klingenden Reporterstimme, »was wollen Sie, was kann ich für Sie tun?«
»Servus, Herr Kollege«, sagte ich, »wie wär's mit einem offenen Austausch guter Informationen?«
»Dafür bin ich immer zu haben.«
»Prima«, sagte ich und berichtete ihm vom Verschwinden Strölingers und von Vera Strölingers Gespräch mit Werner, hinter dem ich Werner Bergmeister vermutete.
»Das ist ne Bombe«, sagte der Chronist des Münchner Jet-Set, »damit kann ich schon etwas anfangen. Und was wollen Sie wissen?«
»Nur zwei Fragen«, erwiderte ich. »Erstens, wie stehen Vera Strölinger und Werner Bergmeister zueinander? Zweitens, mit wem vergnügt sich Strölinger?«
»Also, zu eins: Die Strölinger ist dem Bergmeister verfallen, ich möchte fast sagen hörig. Und Bergmeister ist ganz der Typ, der das ausnutzt. Auf ner Party, als man bereits ganz unter sich und schon ziemlich angetrunken war, führte er sie mal vor. Die Strölinger kletterte buchstäblich an ihm rauf und runter, wie er es haben wollte. Genügt Ihnen das?«
»Okay, genügt«, sagte ich »bitte weiter zu Strölinger.«
»Der hat, das weiß in seiner privaten Umgebung jeder, eine ganz besondere Vorliebe für teure Callgirls und eine bestimmte Art von Luxusnutten, wie sie in den Nobelhotels aller großen Städte zu haben sind. Dieses Hobby hat er sich, wie ich hörte, eine schöne Stange Geld kosten lassen. Sonst noch was?«
»Nein, danke.«
»Alsdann, Servus, zu Tauschgeschäften stets bereit.«
»Ich werde es mir merken. Servus«, beendete ich das Gespräch.
Zufrieden steckte ich mir eine Zigarette an und zog den Rauch genießerisch in die Lungen. Ich hatte, rascher als erwartet, genau das herausgefunden, was ich noch wissen wollte. Ich blickte auf die Uhr. Halb drei. Voller Energie machte ich mich über die Arbeit auf meinem Schreibtisch her, um mein Gewissen zu beruhigen, indem ich mir meine Brötchen verdiente. Kurz nach sechs hatte ich mein Tagespensum erledigt. Ungeniert gähnend legte ich die Vorgänge in den Ausgangskorb und steckte meiner Sekretärin drei vollbesprochene Halbstundenfolien in ihr Diktatwiedergabegerät. Voller Freude auf ein gutes Essen und einen langen Abend mit Gaby machte ich mich auf den Weg nach Freimann.

Mittwoch, 26. Januar

Nachdem ich meine Morgenpost durchgesehen und die Pressemappe für den Vorstand zusammengestellt hatte, überlegte ich, was zu tun sei, um Strölinger zu finden und Beweise gegen Bergmeister herbeizuschaffen. Ich ließ mir Zeit. Ich fühlte mich nicht unter Druck. Solange Kriminalrat Kupfer keine Versicherungsakten beschlagnahmen ließ, war auch er in dem Fall nicht weitergekommen. Bei allem Groll, den ich gegen ihn hegte, war ich ihm doch ein wenig dankbar, weil er mich meinen Vorgesetzten gegenüber aus der ganzen Sache heraushielt. Die Zeit arbeitete auf alle Fälle für ihn, daher konnte er sich das leisten.

Dennoch, dessen war ich sicher, arbeitete die gesamte Mannschaft vom MK1, inklusive Bachmaier und Kupfer, fieberhaft, um so rasch wie möglich die Staatsanwaltschaft in die Lage zu versetzen, die Schadenakten bei den einzelnen Versicherungen beschlagnahmen zu können. Dies wiederum brachte mir den Vorteil, daß Kupfer zu sehr mit seinen eigenen Problemen beschäftigt war, als daß er sich auch noch um mich kümmern konnte. Das verschaffte mir Bewegungsfreiheit. Ich würde also weitergehen auf einem Weg, den ich jetzt nicht mehr verlassen konnte, ohne vor mir selbst nicht alle Achtung zu verlieren. Ich hatte bereits zuviel eingesteckt und noch zu wenig ausgeteilt. Doch wo sollte ich jetzt weitermachen? Bei Vera Strölinger? Bei Werner Bergmeister? Oder sollte ich mir von Les ein paar Tips holen, wo ich mit der Suche nach Strölinger beginnen konnte? Die Klingel des Telefons unterbrach mich bei diesen Überlegungen.

Mit ihrer sanft-sinnlichen Stimme fragte mich Vera Strölinger, ob ich ihr nicht bei einigen Versicherungsfragen behilflich sein könne. Vor Überraschung fiel mir fast der Hörer aus der Hand.

»Aber na-natürlich, selbst-selbstverständlich«, stotterte ich, mich nur langsam von meiner Überraschung erholend.

»Dann um drei Uhr zum Tee bei mir, in der Geiselgasteigstraße 12«, schnurrte sie.

Ehe ich noch ein weiteres Wort sagen konnte, hatte sie aufgelegt. Völlig entgeistert saß ich da, den Telefonhörer in der Hand. Erst der Ton des Freizeichens aus dem Hörer rief mich in die Wirklichkeit zurück. Ich sollte Vera Strölinger in einigen Versicherungsfragen behilflich sein? Für welch einen Trottel hielt die mich eigentlich? Glaubte sie wirklich, sie habe damit einen plausiblen Grund gefunden, um mich in ihre Wohnung locken zu können? Oder glaubte sie, ihrer unerhörten Weiblichkeit müsse jeder Mann erliegen? Was wollte sie eigentlich? Herausfinden, wieviel ich

wußte? Wenn Bergmeister tatsächlich der Boß war, dann war der sehr wohl informiert über alles, was ich bisher unternommen und herausgefunden hatte. Wollte sie mich in eine Falle locken? Mich in eine kompromittierende Situation bringen, um mich erpressen zu können? Zu viele Fragen. Ich war fest entschlossen, Vera Strölinger aufzusuchen. Ich rief Gaby an und informierte sie über Vera Strölingers Anruf, meine Überlegung und meinen Entschluß, der Einladung Folge zu leisten.
»Sollte ich um sieben Uhr abends nicht bei dir in Freimann sein«, bat ich, »dann alarmiere bitte Les und Bachmaier und kommt sofort in die Geiselgasteigstraße 12.«
»Schon recht, Klaus«, sagte Gaby enttäuscht, »und bitte sei vorsichtig.«
»Ich bin das immer, Liebes, tschüs.«
»Tschüs, Klaus, Lieber.«

Nachdem ich meinen Golf in der stillen Seitenstraße des Prominentenviertels in der Nähe der Geiselgasteiger Filmstudios geparkt hatte, drückte ich Punkt fünfzehn Uhr auf den Klingelknopf, der sich neben dem schmiedeeisernen Namenszug Strölinger befand. Ich stand vor einem Bungalow, dessen Straßenfront so lang war wie drei normale Einfamilienhäuser. Die schneeweiß verputzte Wand wurde nur durch die Eingangstür und einige kleine, mit kunstvoll geschmiedeten Gittern versehene Fenster unterbrochen. Übermannshohe Hecken erstreckten sich auf beiden Seiten des Bungalows bis zu den Nachbargrundstücken. Die stille Seitenstraße war auf beiden Seiten mit ähnlichen Häusern bebaut. Das gab ihr ein seltsam kahles, abweisendes Aussehen. Doch die Gegend hier roch geradezu nach Luxus. Vielleicht gerade deshalb, weil die kahlen weißen Mauern und die hohen Hecken nur ahnen ließen, was sich dahinter verbarg.
»Klaus Lambert?« Vera Strölingers fragende Stimme drang aus dem Lautsprecher der Haussprechanlage.
»Ja«, sagte ich.
Ein Summton und die Tür sprang einen Spalt breit auf. Dann wurde sie ganz geöffnet. Vera Strölinger in ihrer vollen, Sinnlichkeit ausstrahlenden Weiblichkeit stand vor mir. Sie trug schwarze hautenge Jeans aus Samt, die in kniehohen schwarzen Lackstiefeln steckten, einen schwarzen Kaschmirpullover mit Rollkragen. Eine Duftwelle ihres Parfums schlug mir provozierend entgegen. Doch gleichzeitig wurde mir bewußt, wie sehr ich vor ihr auf der Hut sein mußte. Sie streckte mir mit den Worten

»Willkommen in meiner Burg« ihre schmale Rechte entgegen. Sie war warm und trocken, ihr Druck war fest, doch mehr ein Anschmiegen an meine Hand als eine Begrüßung zwischen einem Mann und einer Frau, die sich nicht kannten. Mit den üblichen Höflichkeitsfloskeln bat sie mich ins Haus. Durch einen sparsam-geschmackvoll eingerichteten Vorraum trat ich in ein riesiges Wohnzimmer. Der moosgrüne Teppich, der den Boden bedeckte, war fast knietief und schien mir so groß wie ein Fußballplatz. Er brachte mich in die Versuchung, barfuß darüber zu laufen und Purzelbäume darauf zu schlagen. Vor einem offenen Kamin, groß genug, um einen niederbayerischen Mastochsen darin zu braten, stand eine Sitzgarnitur aus zwei schweren, cremefarbenen dreisitzigen Couches und zwei Sesseln. Ein dekorativ gefülltes Bücherregal von mehreren Metern Länge und einige moderne Grafiken vervollständigten die Staffage dieser Wohnhalle. Auf dem niedrigen Glastisch stand Teegeschirr, eine Schale mit Gebäck, eine Flasche Bacardi, dazu Scotch und Gin mit dem üblichen Mixgerät. Vera Strölinger bat mich, Platz zu nehmen, und goß Tee in die Tassen, dem sie mit einem Schuß Bacardi den richtigen Geschmack verlieh. Sie nahm Untertasse und Tasse in die Hand und lehnte sich, ihren Körper narzißtisch dehnend und streckend, in die Tiefen der Couch zurück. Ich nahm vorsichtig einen Schluck aus meiner Tasse und blickte sie fragend an.
»Ach ja«, sagte sie, »die Versicherungsfragen.«
Sie stellte Untertasse und Tasse auf den Tisch zurück, erhob sich träge und schritt mit langsam, gleitend-fließenden Bewegungen aus dem Raum. Mit einem Bündel Papieren in der Hand kam sie nach ein paar Augenblicken zurück. Sie setzte sich dicht neben mich, die Papiere vor uns auf den Glastisch ausbreitend. Die Nähe dieser Frau, ihr Duft, ihre Ausstrahlung waren betörend. Mir war, als würde mich ein leichter Schwindel erfassen. Der Wunsch, diesen Körper zu umfassen, ihn Haut an Haut zu spüren, stieg wie ein Fieberschauer in mir hoch. Ich fuhr mit dem Finger zwischen Hals und Kragen, setzte mich gerade hoch und zündete mir eine Zigarette an. Vera Strölinger taxierte mich. Sie kostete ihre Wirkung auf mich aus. Sie spielte ein Spiel, das ihr eine ungeheure Freude bereiten mußte. Ich rückte etwas von ihr ab und griff nach den Papieren. Es handelte sich um Fragebögen einiger Versicherungen, bei denen die Banken, für die Strölinger Inkassovollmacht hatte, sogenannte Vertrauensschadenversicherungen abgeschlossen hatten. Eine solche Versicherung ersetzt dem Geschädigten im Falle von Veruntreuungen den entstandenen Schaden. Sie nimmt aber Regreß beim Schädiger. Strö-

linger hatte also auch noch die Versicherungen auf dem Hals. Und die sind, wenn es um Millionenbeträge geht, zäh wie Leder und anhänglich wie Kletten. Wollte Strölinger ungeschoren mit dem ganzen Geld verschwinden, so mußte er schon außerordentlich gut geplant haben. Doch dann sah ich, daß diese Fragebögen nichts anderes als Schadenmeldeformulare waren. Diese mußten von den Banken an die Versicherungen gegeben werden. »Wie kommen Sie an solche Formulare? Sie haben doch mit der ganzen Sache nichts zu tun? Oder?« begann ich, froh, mit Worten eine Distanz aufbauen zu können.
»Ein Rechtsvertreter der geschädigten Banken hat sie mir heute in aller Frühe gebracht. Ich soll die Fragen zur Person, zu den Eigentumsverhältnissen etc. beantworten.«
Das war dünn, superdünn. Verdammt noch mal, dieses Weib hielt mich wirklich für einen ausgemachten Idioten. Blanker Zorn überkam mich. Ich versuchte ihn zu unterdrücken. Mich nur mühsam beherrschend, fragte ich: »Und dabei soll ich Ihnen helfen?«
»Nun ja, Sie sollen mir sagen, daß die Versicherungen jedes unbedachte Wort zu ihren Gunsten nutzen.«
»Könnte Werner das nicht besser?«
Vera Strölinger überging diese Frage. Sie zeigte keinerlei Reaktion; weder Erstaunen, noch Ärger oder Erschrecken. Es war, als hätte ich diese Worte überhaupt nicht ausgesprochen.
»Wollen wir anfangen?« fragte sie.
»Also fangen Sie schon an.«
In weniger als einer Dreiviertelstunde hatten wir diese Papiere ausgefüllt, die, dessen war ich sicher, in den Papierkorb wanderten, wenn ich diesen Raum wieder verließ. Wieder drängte sich mir die Frage auf, was der Grund für meine Anwesenheit in Strölingers Haus sein konnte. Die Fragebögen waren es ganz sicher nicht. Ich sah auf meine Uhr: kurz nach vier. Ich leerte die Teetasse und sagte: »Das wär's dann wohl.« Als ich mich erheben wollte, drückte sie mich sanft auf die Couch zurück.
»Sie schlagen doch einen guten Schluck Scotch nicht aus?« fragte sie und musterte mich so gründlich, als beabsichtige sie, mich zu kaufen. Sie warf Eiswürfel in zwei hohe, geschliffene Bechergläser, goß den bernsteinfarbenen Schnaps darüber. Die Gläser schwenkend, daß die Eiswürfel in ihnen klirrten, reichte sie mir eins.
»Cheers.«
»Cheers.«
Wir tranken und stellten die Gläser zurück auf den Tisch. Sie glitt neben

mich auf die Couch und begann das erste Spiel, das gespielt wurde, und das letzte Spiel, das je gespielt werden wird: die Verführung des Mannes. Ihr Körper drängte sich gegen den meinen. Ihr Haar fiel über mein Gesicht. Ihre Lippen flatterten leicht wie Schmetterlinge über meine Lippen, Wangen, Stirne, Ohren und Hals. Meine Hände griffen nach ihren Hüften und glitten hoch zu ihren Brüsten. Mein Mund suchte den ihren. Da entzog sie sich meinen Händen. Sie legte ihren rechten Zeigefinger auf meine Lippen, drückte mich so von sich weg und reichte mir das Whiskyglas. Ich nahm einen Schluck, stellte das Glas zurück auf den Tisch und fuhr mir mit beiden Händen, die Ellenbogen auf die Knie gestützt, durch die Haare. Da kamen die flatternden Lippen, die tastenden Hände von neuem. Ich ballte die Hände zu Fäusten, bis Handteller und Finger schmerzten. Die Erregung ließ meine Nerven vibrieren. Doch ich saß starr und unbeweglich wie aus Stein gehauen. Wieder löste sich Vera Strölinger von mir. Ich erhob mich von der Couch, griff nach Whiskyflasche und Glas. Der Flaschenhals klirrte gegen den Rand des Glases. Mit einem Schluck kippte ich den Whisky in meine Kehle. Vera Strölinger ging ein paar Schritte rückwärts, ohne einen Blick von mir zu wenden. Qual und Lust zugleich sprangen aus ihren Augen, als sie langsam, jede Bewegung genießend, jede meiner Reaktionen registrierend, ihre Kleider abstreifte und splitternackt auf mich zukam.

Ich schob Vera Strölingers nackten Arm von meiner Brust, zog meinen linken Arm unter ihrer Hüfte hervor und blickte auf die Uhr. Es war kurz nach sechs. Verdammt noch mal, ich mußte weg von hier, sonst überraschten mich womöglich noch Gaby, Les, Kupfer und Bachmaier in dieser Situation. Ich löste mich von Vera Strölingers heißem Körper und erhob mich von der Couch. In fliegender Hast schlüpfte ich in meine Kleider. Vera Strölinger blieb auf der Couch liegen. Sie machte keine Anstalten, ihre Blöße zu bedecken. Sie betrachtete mich mit kaltem Interesse und bösem Spott.
»Ich muß weg von hier«, flüsterte ich. Meine Stimme klang heiser.
»Ich weiß«, sagte sie klar und ohne jede Gefühlsregung. Ich vervollständigte meine Kleidung. Als ich mich über Vera Strölinger beugte, um sie zum Abschied zu küssen, drehte sie, Abscheu im Blick, den Kopf zur Seite. Ich rannte aus dem Haus, warf mich in den Golf und jagte durch den nachlassenden Spätnachmittagsverkehr nach Freimann. Ich fühlte mich benutzt, leer, schäbig, abgegriffen und von Schuld erfüllt. Ich war diesem Weib ins Garn gegangen, sie hatte mich ganz einfach benutzt, wie

irgendeinen Gegenstand. Und ich wußte nicht einmal, warum. Ich hatte mich auf ein Spiel eingelassen, dessen Spielregeln ich zwar kannte, aber bei dem mir der Gegner keine Chance gelassen hatte. Diese Runde war klar an die Gegenseite gegangen.
Zehn Minuten vor sieben betrat ich das Wohnzimmer in Gabys Haus. Sie saß mit Les beim allabendlichen Aperitif. Beide schienen ungeheuer erleichtert, mich zu sehen. Ich warf meinen Mantel über eine Sessellehne und trat ohne ein Wort vor Gaby, ich zog sie von der Couch hoch. Sie stand dicht vor mir.
»Hau mir eine rein«, rief ich, »vor dir steht der größte Idiot aller Zeiten und ein Schweinehund dazu!«
Les, der wohl ahnte, was passiert war, erhob sich, legte den Arm um Gaby und führte sie aus dem Raum. Nach einer Weile kam er zurück.
»Gaby macht jetzt etwas zu essen«, sagte er langsam mit einem bösen Unterton in seiner Stimme, »und du, Sportsfreund, packst aus!« Ich trank einen Schluck Scotch und erzählte, was sich in Strölingers Haus zugetragen hatte. Meine Stimme war voll Zorn und Scham. Kaum hatte ich geendet, als Gaby ins Zimmer trat.
»Ich habe an der Tür gelauscht und ich bin froh darüber«, sagte sie einfach. Ich drehte mich rasch von ihr weg, denn ich wollte nicht, daß sie sah, wie mir das Wasser in die Augen schoß. Ich rannte aus dem Zimmer, stürzte ins Bad, riß mir die Kleider vom Leib und stellte mich unter die Dusche. Der Duft von Vera Strölinger lag auf meiner Haut. Er verursachte mir jetzt Abscheu, faden, klebrigen Ekel. Heiß, kalt; heiß, kalt, prasselte das Wasser auf meinen Körper. Ich frottierte meine Haut, bis sie krebsrot war, und zog mir dann frische Kleidung an. So, wenigstens symbolisch gereinigt, trat ich ins Eßzimmer, wo mich Gaby und Les erwarteten. Ich war erstaunt, daß ich mit großem Appetit essen und trinken konnte. Nach dem doch recht schweigsamen Mahl saßen wir Bier trinkend im Wohnzimmer. Wir versuchten herauszufinden, was Vera Strölinger wohl bezweckt haben mochte, als sie mich für mehr als drei Stunden in ihrer Wohnung festhielt. Was wir auch redeten, diskutierten, erwogen, verwarfen, spekulierten, analysierten, den ganzen Fall von Anfang an rekapitulierend, wir kamen zu keinem Ergebnis.
»Lassen wir es für heute gut sein«, sagte Les sich erhebend, »vielleicht erhalten wir die Antwort auf unsere Frage eher, als uns lieb ist.«
Nachdem Les gegangen war, entstand eine peinliche Stille im Raum. Verlegen drehte ich mein Bierglas zwischen den Händen, Gaby machte sich an der Anrichte zu schaffen. Sinnlose Gesten und Bewegungen,

schmerzliche Stille. Den Blick gesenkt, sagte ich leise mit rauher Stimme: »Gaby, verzeih.« Gaby kam auf mich zu, beugte sich über mich und preßte ihr Gesicht gegen das meine.
»Ich liebe dich, Klaus«, sagte sie.

Donnerstag, 27. Januar
Nach einem ereignislosen Tag, der mir nichts als sinnlose Grübeleien und eine Menge eintöniger Büroarbeit gebracht hatte, saßen Gaby, Les und ich vor dem Fernseher in Gabys Wohnzimmer und sahen im Regionalprogramm die Münchner Abendschau. Plötzlich riß uns die Stimme des Nachrichtensprechers aus unserem Dösen hoch.
»Heute vormittag wurde in der Tiefgarage des Arabella-Hauses der Münchner Rechtsanwalt Strölinger in seinem Wagen erschossen aufgefunden. Strölinger war einige Tage spurlos verschwunden gewesen und stand unter dem Verdacht, Klientengelder in Höhe von 1,5 Millionen Mark unterschlagen zu haben. Wie Kriminalrat Kupfer, der Leiter der Mordkommission, auf einer Pressekonferenz mitteilte, war die Tat in den späten Nachmittagsstunden des gestrigen Tages verübt worden. Die Täter habe man in Kreisen der Unterwelt zu suchen, die, angelockt von der hohen Geldsumme, diesen Raubmord begangen haben dürften.«
»O Gott ...!« rief Gaby aus.
»Bitte, sei ruhig«, sagte ich, denn der Sprecher fuhr fort:
»Gleichfalls gestern nachmittag wurde in der Tiefgarage seines Wohnhauses am Olympiagelände, wie unsere Redaktion erst heute erfuhr, der 36jährige Staatsanwalt Werner Bergmeister überfallen und niedergeschlagen. Sein Auto, ein Porsche, wurde stark demoliert. Bergmeister, der für seine harten Urteile in Verkehrsstrafverfahren bekannt ist, wurde verletzt. Nach ambulanter Behandlung in einer Unfallklinik konnte er sich jedoch wieder nach Hause begeben. Von Journalisten auf die möglichen Hintergründe des Anschlages angesprochen, erklärte Bergmeister, es könne sich, seiner Ansicht nach, nur um einen Racheakt eines von ihm verurteilten Verkehrsstraftäters handeln. Der Generalstaatsanwalt und der Justizminister haben Staatsanwalt Bergmeister ihre besten Genesungswünsche ausgesprochen. Und nun weitere Meldungen aus Bayern: Regensburg ...«
Les hatte sich erhoben und den Apparat abgeschaltet. Er setzte sich wieder und blickte Gaby und mich nachdenklich an. »Wißt ihr jetzt, warum du, Klaus, gestern nachmittag bei Vera Strölinger sein mußtest?«
Überrascht fragte ich: »Nein, warum denn?«

»Holy cow, Klaus. Kannst du aber bescheuert sein!« rief er aus. »Überlege doch mal: Es gibt zwei Menschen, die hinter Strölinger und dem Geld her waren; zwei Menschen, denen es zuzutrauen ist, ihn erschossen zu haben; zwei Menschen mit einem überzeugenden Motiv für diesen Mord. Und genau diese beiden haben bombensichere Alibis. Vera Strölinger war zur Tatzeit in ihrer Wohnung und hat dafür den besten Zeugen, den sie sich wünschen kann; einen gewissen Klaus Lambert. Und Werner Bergmeister wird etwa zur gleichen Zeit in der Tiefgarage seines Hauses überfallen und bewußtlos geschlagen. Das nenne ich Planung, das ist gekonnt!« stieß er hervor.
Gaby ließ ihre Blicke zwischen Les und mir hin und her wandern.
»Ich glaube, daß Strölinger mit einer Tokarew erschossen wurde«, sagte ich, die Hintergründe nun erkennend.
»Darauf kannst du Gift nehmen«, versicherte Les.
»Jetzt müssen wir noch einmal mit Bachmaier sprechen«, sagte ich und ging zum Telefon, das schrillte, ehe ich den Hörer abheben konnte. Ich wollte danach greifen.
»Laß mich«, sagte Gaby und hob den Hörer ans Ohr. »Selbstverständlich komme ich«, sagte sie, nachdem sie einige Minuten dem Wortschwall einer offenbar sehr aufgeregten Frau zugehört hatte. Zu Les und mir gewandt, sagte sie: »Ich muß noch einen Krankenbesuch machen. Wahrscheinlich fiebrige Darminfektion bei einem sechsjährigen Mädchen. Dauert nicht allzu lange. Wenn ihr einverstanden seid, bringe ich uns Brathähnchen aus dem Wienerwald mit. Keine Lust, heute noch Köchin für drei Männer zu spielen.«
»Aber selbstverständlich sind wir damit einverstanden«, sagte ich. Gaby ging hinunter in die Praxisräume, um ihre Arzttasche und die notwendigen Medikamente zu holen.
»Ruf doch du Bachmaier an und bitte ihn, herzukommen«, sagte ich zu Les, »ich hole uns inzwischen ein Bier, okay?«
»Okay«, brummte Les und schlurfte zum Telefon, während ich mich in der Küche um das Bier kümmerte. Als ich mit den gefüllten Gläsern zurückkam, sagte Les: »Bachmaier war gerade dabei, das Polizeipräsidium zu verlassen. Er wird in einer knappen halben Stunde hier sein.«
»Prima«, sagte ich und nahm einen tiefen Schluck.
Schweigend unseren Gedanken nachhängend, tranken wir Bier und warteten auf Bachmaiers Erscheinen. Als die Türklingel anschlug, erhob sich Les und ging nach unten, um zu öffnen. Ich holte aus der Küche frisches Bier für mich und Les und ein zusätzliches Glas für Bachmaier.

Über das ganze Gesicht grinsend und mit den Worten »Hallo, Sie prächtiges Alibi«, trat Bachmaier ins Zimmer und streckte mir seine Rechte entgegen. Ich schüttelte sie und schob ihm dann ein gefülltes Glas zu: »Trinken Sie ein Bier«, sagte ich. Les lachte schallend. Bachmaier und ich fielen in das Gelächter ein. Wir lachten, als hätte uns jemand einen irrsinnig komischen Witz erzählt. Als unser Gelächter ausgeklungen war und wir die letzten Lacher mit einem langen Schluck Bier weggespült hatten, begann Bachmaier: »Ich sitze hier und lache wie total bescheuert. Dabei habe ich überhaupt keinen Grund dazu. Wir haben die Geschoßhülsen, die wir in der Nähe von Strölingers Leiche fanden, und die Projektile, die in seinem Kopf steckten, mit den Hülsen und Projektilen verglichen, die Sie, Les, uns gegeben haben. Sie stammen allesamt aus derselben Waffe.«

»Also wieder die Tokarew«, sagte Les. Bachmaier nickte.

»Ich bin sicher«, sagte er dann, »daß Bergmeister der Mann mit der Tokarew ist. Er und kein anderer hat Strölinger umgelegt. Ich kann das aber nicht beweisen, denn dieser Mord an Strölinger ist das am perfektesten geplante Verbrechen, das mir in meiner ganzen Dienstzeit untergekommen ist. Und weil es so perfekt ist, bin ich der Überzeugung, daß Bergmeister dahintersteckt. Ich bin sicher, daß sich alles folgendermaßen abgespielt hat: Strölinger weiß, daß er nicht über die Grenzen kann, also versucht er in München in einem großen Appartementhaus unterzutauchen. Eine Wohnung dort war seit fast einem Jahr auf seinen Namen gemietet. Er schien sie ursprünglich für seine amourösen Eskapaden eingeplant zu haben. Daß Strölinger hier untertauchen muß, weiß auch Bergmeister und macht sich auf die Suche. Als er ihn findet, plant er als erstes sein Alibi und gleich auch das für Vera Strölinger. Bei ihr muß unser Freund Lambert herhalten. Für sich engagiert er wieder ein paar Ganeffs. Sicher nicht aus München, sondern aus Frankfurt oder Köln oder sonstwoher. Die haben nichts zu tun, als pünktlich an Ort und Stelle zu sein, ihm eine über den Schädel zu hauen und seinen Porsche zu demolieren. Vom Arabella-Haus zum Olympiagelände fährt man selbst bei dichtem Verkehr nicht länger als zwanzig Minuten, da bleibt sogar noch Zeit, das Geld und die Tatwaffe in ein vorbereitetes Versteck zu bringen. Die Tatzeit kann ohnehin nicht auf die Minute festgelegt werden, Toleranzen von mindestens einer Stunde haben wir da schon. Also, Bergmeister lockt Strölinger mit dem Geld in die Tiefgarage und erschießt ihn. Dann läuft alles wie beschrieben ab. Bergmeister erhält Genesungswünsche vom Justizminister und vom Generalstaatsanwalt. Kupfer kann

auf der Pressekonferenz nur sagen, die Täter müßten in Kreisen der Unterwelt gesucht werden... Eine beschissene Situation!« Bachmaier atmete heftig, er war zornig.
Les und ich blickten nachdenklich und auch etwas mitleidig auf Bachmaier. Er hatte wirklich keinen leichten Job.
Les zündete sich bedächtig eine Zigarette an und sagte in bestimmtem Ton: »Lieber Herr Kollege, was jetzt zum Beispiel Klaus Lambert als Privatmann unternehmen kann, das ist Ihnen als Polizist verwehrt. Ich bin der Ansicht, daß es Ihnen nur dann gelingen wird, Bergmeister zu überführen, wenn er sich selbst auf irgendeine Art verrät. Ich meine, Klaus Lambert sollte sich daher in die Höhle des Löwen begeben; also Bergmeister besuchen, der lädiert in seiner Wohnung liegt. Dabei sollte er ganz nebenbei Bergmeister glauben machen, daß Sie und Kupfer vielleicht doch einen Beweis gegen ihn in der Hand haben. Möglicherweise verunsichert ihn ein derartiger Hinweis so, daß er etwas Falsches unternimmt und Sie dann zupacken können.«
Ich blickte auf Les und Bachmaier. Beide sahen mich erwartungsvoll an. Spannung lag wie ein elektromagnetisches Feld zwischen uns. Im letzten Akt des Dramas um Versicherungsbetrug, fünffachen Mord und den verbrecherischen Mißbrauch armer, vereinsamter alter Menschen fiel mir die Hauptrolle zu. Jene oft erlebte, durchfühlte, aber auch durchlittene Mischung des Gefühls aus Jagdfieber, Angst und Spannung hatte mich, als Les seine Ansicht darlegte, wieder gepackt; es schüttelte mich. Mit fahrigen Bewegungen zündete ich mir eine Zigarette an. Mit dem Rauch kam auch etwas Ruhe über mich. Es grenzte schon fast an autogenes Training, wie ich versuchte, mich unter Kontrolle zu bekommen. Plötzlich war die fiebrige Erregung verschwunden; sie hatte der eiskalten Bereitschaft Platz gemacht, den Superboß Bachmaier in die Hände zu liefern.
»Okay«, sagte ich »ich bin dabei. Ich werde gleich morgen Bergmeister heimsuchen und ihm ein paar Thesen und Überlegungen unter seine pechschwarze Weste jubeln, die ihm zumindest einige unruhige Stunden bereiten werden. Dann können wir ja weitersehen. Gut wäre es natürlich, wenn ihn Ihre Männer beobachten könnten, so daß er keinen Schritt mehr ohne Ihr Wissen tun kann, lieber Herr Polizist.«
»Genau da liegt der Hund begraben«, rief Bachmaier und knallte die zur Faust geballte Rechte in seine linke offene Handfläche, »wenn ich Kupfer eine derartige Andeutung mache, geht der hoch wie eine Tretmine. Kupfer ist nicht bereit, ohne einen Beweis auch nur einen einzigen Beamten zur Beobachtung von Bergmeister abzustellen... Er ist eben kein

Tatort-Kommissar, sondern der Leiter der Münchner Mordkommission und ein sehr korrekter Beamter.«

»Dann also nicht«, sagte Les resigniert.

»Dann also nicht«, wiederholte ich, »wir müssen also sehen, wie wir allein fertig werden. Ich werde dennoch morgen versuchen, Bergmeister aus der Reserve zu locken. Wir treffen uns dann so bald wie möglich bei mir im Fuchsbau. Ich werde euch beiden genau erzählen, wie Bergmeister auf meinen Besuch reagiert hat. Wie er sich während des Gesprächs verhielt, was er sagte, wie er argumentierte. Danach können wir spekulieren, wie Bergmeister vielleicht reagieren könnte, und uns daraufhin vielleicht einen Alarmplan zurechtlegen. Ich bin sicher, es wird irgend etwas geschehen, denn Bergmeister ist klug genug, um zu wissen, daß die Zeit für Kupfer arbeitet.«

Bachmaier wirkte erleichtert. Fast heiter sagte er: »Sie haben recht, Lambert, der Vorhang zum letzten Akt des Dramas wird sich bald heben.«

Während Bachmaier diese Worte sprach, wurde unten die Tür aufgeschlossen. Gaby eilte die Treppe herauf, in der Hand eine große grüngelbe Einkaufstüte. Ihre Wangen waren von der scharfen Kälte gerötet, ihre blonden Haare lugten unter der dicken Wollkappe hervor. Sie sah wunderbar aus.

»Servus, ihr Männer«, begrüßte sie uns durch die halbgeöffnete Tür mit einer winkenden Handbewegung. »Les und Klaus, ihr deckt den Tisch. Jetzt wird gegessen.«

»Okay, Sir, yes, Sir«, sagten wir wie aus einem Mund. Bachmaier grinste behaglich.

Trotz der Spannung, in der wir uns befanden, wurde es fast ein gemütliches und freundliches Abendessen. Vielleicht lag es auch daran, daß auch für mich die Teilnahme an diesem Spiel um Geld, Habsucht, Brutalität, Gewissenlosigkeit und Tod nun schon fast alltäglich und zur Gewohnheit wurde.

Freitag, 28. Januar

Der Wecker schrillte. Mühsam öffnete ich die Augen und versuchte, aus der Tiefe des Morgenschlafes ins Erwachen zu rudern. Das bleiche Licht eines eisigkalten, trüben Wintermorgens drang durch die Ritzen der zugezogenen Vorhänge in mein Schlafzimmer. Unter dem Vorwand, ich hätte meine Reinemachefrau für heute bestellt, war ich gestern abend noch zurück in meine Wohnung im Fuchsbau gefahren. Wir hatten Gaby nicht über meinen geplanten Besuch bei Bergmeister informiert. Ich wollte sie damit nicht belasten. Gähnend schälte ich mich aus den Decken und schlurfte ins Bad. Mein übliches Fuchsbaufrühstück, Spiegelei auf Schwarzbrottoast und Kaffee, verzehrte ich mit großem Genuß. Danach rief ich meine Sekretärin an und sagte ihr, sie solle in die An- bzw. Abwesenheitsliste für mich einen sogenannten Gleittag eintragen. Die gleitende Arbeitszeit erlaubte uns, kurzfristig einen freien Tag einzulegen. Korrekter wäre es natürlich gewesen, ich hätte gestern im Büro diesen Gleittag angemeldet. Die Zeitungen durchblätternd, gab ich mich dem wohligen Schwindelgefühl hin, das die ersten tiefen Züge an der Morgenzigarette auslösen. Über den Mord an Strölinger brachten die Blätter die üblichen nichtssagenden Berichte, wie sie immer zu lesen sind, wenn die Polizei die Presse mit Informationen kurzhält. Ich legte die Zeitungen beiseite und holte mir aus der Küche noch eine Tasse Kaffee. Das starke Getränk mit bedächtigen Schlucken genießend, begann ich mich innerlich auf den Besuch bei Bergmeister vorzubereiten.

Ich machte mir keine Illusionen. Ich würde einem mit allen Ölen der Schlechtigkeit und Gemeinheit gesalbten Gangster gegenübertreten. Bergmeister wußte, wer ich war, und vor allem wußte er, was ich wußte. Bergmeister würde, dessen war ich mir klar, auch vor einem erneuten als Unfall getarnten Mord nicht zurückschrecken, wenn er glaubte, er könne damit seinen Kopf aus der Schlinge ziehen. Dennoch wähnte ich mich für den Besuch relativ sicher, da sich Bergmeister vermutlich denken konnte, daß Les, Gaby oder sogar Bachmaier wußten, wo ich mich heute zu einer bestimmten Zeit aufhalten würde. Stieß mir in diesem Zeitraum etwas zu, würde man das ihm anhängen. Und genau das konnte sich Bergmeister auf gar keinen Fall leisten. Dennoch versuchte ich, Bachmaier und Les anzurufen, um ihnen den genauen Zeitpunkt mitzuteilen, zu dem ich bei Bergmeister zu erscheinen gedachte. Ich konnte jedoch weder Bachmaier im Polizeipräsidium noch Les im Headquarter der amerikanischen MP erreichen. Schade, dachte ich und begann mich anzukleiden. Während ich Cordsamthosen, einen Rollkragenpullover und pelzgefütterte Stiefel anzog, überkam mich ein sonderbares Gefühl. Es war nicht jenes Jagdfieber, sondern mehr eine unbestimmte, angstvolle Neugierde auf diesen Mann, der den Mord an fünf Menschen veranlaßt hatte, nur um seine Habgier zu befriedigen.

Wie jeder Zeitungsleser wurde auch ich fast tagtäglich mit Raub, Erpressung, Mord und Terrorismus konfrontiert. Folglich waren solche Geschehnisse gewissermaßen Teil meines Alltags. Doch all dies erhielt

plötzlich eine andere Dimension durch die Tatsache, daß ich in der nächsten Stunde einem Mann gegenüberstehen würde, der das Leben von fünf Menschen auf dem Gewissen hatte. Ereignisse, die bisher Nachricht, Information oder Teil der Verbrechensstatistik waren, wurden plötzlich lebendig. Ich fuhr mir mit dem Handrücken über die Augen, als wollte ich mit dieser Bewegung die tristen Gedanken wegwischen. Doch es gelang mir nicht. Ich blickte auf die Uhr: halb elf, also Zeit, mich auf den Weg zu machen. Gemächlich, ohne Hast und Eile, verließ ich den Fuchsbau und schritt durch einen bitterkalten Januarvormittag zur U-Bahn-Station Münchner Freiheit. Ich ging die Treppen zum Zwischengeschoß hinunter. Da überfiel es mich plötzlich siedendheiß. Was war, wenn Bergmeister aufgrund des Überfalls bewacht wurde? Hatte der Generalstaatsanwalt oder gar der Justizminister eine solche Bewachung angeordnet, konnte ich in eine recht unangenehme Situation geraten. Ich eilte in eine Telefonzelle und rief Bachmaier an. Diesmal hatte ich Glück, er war sofort am Apparat. Ich teilte ihm meine Befürchtung mit, doch er konnte mich beruhigen. Man hatte Bergmeister, so sagte er mir, zwar eine Bewachung angeboten, doch dieser habe eine solche kategorisch abgelehnt. »Aus gutem Grund, so meine ich«, fügte Bachmaier noch hinzu.
Die U 3 brachte mich in zehn Minuten hinaus auf das Olympiagelände, wo Bergmeister in einem der Häuser, die während der Olympiade Sportler, Funktionäre, Preisrichter und Journalisten aus aller Welt beherbergten, eine Eigentumswohnung besaß. Als mich die Rolltreppe wieder ans Tageslicht brachte, blinkte aus südwestlicher Richtung das plexigläserne Zeltdach des Olympiastadions unter einer wächsernen Wintersonne herüber. Keinen Blick auf dieses futuristisch anmutende Bild verschwendend, suchte ich mir durch das Labyrinth von Fußwegen, Über- und Unterführungen den Weg zum Helene-Mayer-Ring 12, der Adresse des Hauses, in dem Bergmeister wohnte. Dort angekommen, durchstreifte ich zunächst die Parkdecks auf der Suche nach dem lädierten Porsche von Bergmeister. Nach kurzem Suchen entdeckte ich ihn im untersten Deck. Er stand auf einem Parkplatz in der Ecke, die durch eine Säule halb verdeckt war. Der Wagen war ein schwarzer 924 mit grüngetönten Scheiben. Diese, die aufgeklappten Scheinwerfer sowie Blinkleuchten, Heckleuchten und Bremslichter waren zertrümmert. Ich ging um den Wagen herum und betrachtete ihn genauer. Türen und Dach des Wagens wiesen tiefe Kratzer im Lack auf. Ich pfiff durch die Zähne. Bergmeister hatte sich sein Alibi wirklich etwas kosten lassen. Der Fahrstuhl brachte mich hinauf in die achte Etage. Ich stand vor einer

Wohnungstür, an der ein schmuckloses Metallschild mit dem Namen Bergmeister festgeschraubt war. Mein Herz klopfte bis zum Halse. Ich atmete tief durch. Ein paar Mal. Dann drückte ich meinen rechten Daumen auf den Knopf der Türklingel. Ein melodisches Summen ertönte. Dann wieder Stille, kein Geräusch, keine Schritte waren aus der Wohnung zu hören. Ich zählte bis zehn und drückte noch einmal auf den Knopf. Diesmal länger, fordernder. Plötzlich wurde die Tür geöffnet. Nicht heftig aufgerissen oder vorsichtig, zögernd aufgezogen, mit der Bereitschaft, sie wieder zuzustoßen. Nein, die Türe wurde ganz selbstverständlich geöffnet, als erschiene ein Gast, der erwartet wird. Werner Bergmeister stand vor mir. Er war ein kräftiger, muskulöser, mittelgroßer Mann in abgetragenen Jeans und T-Shirt. Sein Gesicht war scharf geschnitten, das Kinn eine Spur zu breit. Von der Nase zogen sich scharfe Falten zu den Mundwinkeln. Um die dunkelbraunen, klug, aber auch stechend scharf blickenden Augen hatten sich eine Vielzahl Fältchen eingekerbt. Seine Haare waren schwarz und lockig, von modischer Länge. Auf der linken Stirnseite trug er ein großes Pflaster, am linken Jochbein war die Haut aufgeschrammt, das untere Lid des rechten Auges war blutunterlaufen und am rechten Mundwinkel saß eine ordentliche Beule. Bergmeister hatte weder seinen Porsche noch sich selbst geschont, um ein wirklich hieb- und stichfestes Alibi zu bekommen.
Er musterte mich überrascht.
»Lambert«, stieß er hervor, »woher nehmen Sie den Mut, hier bei mir aufzukreuzen? Sagen Sie jetzt bloß nicht, Sie möchten mit mir ein Interview für die Mitarbeiterzeitschrift Ihrer Versicherung machen! Also, was wollen Sie?«
Mit diesen Worten trat er etwas zur Seite, faßte mich vorsichtig, als könnte seine Bewegung von mir mißdeutet werden, am Ärmel meines Ledermantels und zog mich in die Wohnung. Ich befand mich in einem typischen Junggesellenappartement. Es glich fast aufs Haar dem meinen. Man sah der Wohnung an, daß sie nicht bewohnt, sondern nur benutzt wurde. Ich zog den Mantel aus und warf ihn über einen Hocker, der in der kleinen Diele stand. Bergmeister ließ sich auf die Couch nieder und lehnte sich vorsichtig zurück. Auf dem niederen Tisch vor ihm standen ein Glas, eine Flasche Mineralwasser, ein halbgefüllter Aschenbecher. Daneben lag ein Röhrchen mit schmerzstillenden Tabletten. Ich setzte mich unaufgefordert in einen Sessel, holte Zigaretten und Streichhölzer hervor und zündete mir eine an.
»Also, was wollen Sie von mir?« fragte Bergmeister noch einmal. Seine

Überraschung und sein Erstaunen waren einem bösen, drohenden Lauern gewichen. Ich beschloß auf der Hut zu sein. Körperlich war ich Bergmeister, obwohl der angeschlagen war, unterlegen. Dennoch ging ich sofort auf den Kern der Sache los. Mit normaler Stimme, ohne jegliche Betonung, so als würde ich jemanden nach der Uhrzeit fragen, sagte ich:
»Ich bin hierher zu Ihnen gekommen, weil ich einen Mann mit einer Tokarew suche. Ich habe es nämlich gar nicht gerne, wenn ich mit Säure bespritzt und zusammengeschlagen werde und mir dann auch noch 7.62er Kugeln um die Ohren fliegen.«
»Das passiert nur Neugierigen, die ihre Nase in Angelegenheiten fremder Leute stecken!«
Ich schauderte, meine Kopfhaut begann zu kribbeln, dennoch fuhr ich fort: »Ich dachte zuerst, der Mann mit der Tokarew sei Wladimir Kowalenko gewesen. Als dieser jedoch von der Polizei erschossen worden war, wurde bei ihm eine ganz alltägliche 7.65er Walther PPK gefunden. Also mußte ich weitersuchen. Als ich nun erfuhr, daß die Projektile, die in meinen Wagen schlugen und diejenigen, die die Gerichtsmediziner aus Strölingers Schädel herausholten, aus der gleichen Waffe stammten, hat es sogar bei mir geklingelt. Und die Alibis, die Sie für sich und Vera Strölinger für die Tatzeit des Mordes an Rechtsanwalt Strölinger zusammengebaut haben, sind so perfekt, daß sie auch Kriminalrat Kupfer und seinen Assistenten Bachmaier stutzig gemacht haben. Ganz besonders mies finde ich jedoch, wie Sie Vera Strölinger bei der Konstruktion Ihrer Alibis mißbraucht haben.«
Bergmeister saß spöttisch grinsend auf der Couch. Plötzlich blickten seine dunklen Augen böse. Eine unheimliche Drohung lag in seinem Blick. Leise, jedoch Wort für Wort deutlich betonend, fragte er: »Das heißt also im Klartext, daß Sie mich für den Mörder von Strölinger halten?«
Als Bergmeister das Wort Mörder aussprach, war es, als wolle er sich selbst ein Geständnis machen.
»Genau das will ich sagen«, stieß ich fast zitternd vor Spannung und Erregung hervor, »und dazu noch einiges mehr. Ich halte Sie für den Kopf der Versicherungsbetrüger- und Mörderbande und den Hauptverantwortlichen am Tod der drei alten Männer, am Tod von Buchberger und Strölinger. Alte, arme, einsame Männer werden als Zeugen mißbraucht. Als sie nicht mehr mitmachen wollen, werden sie umgebracht. Buchberger wird zur Gefahr, aus dem Weg mit ihm. Wie lange, glauben Sie, noch weitermorden zu können? Kupfer und Bachmaier haben zwar noch keine Beweise gegen Sie«, und nun wagte ich einen Bluff, »aber ich kenne einen

alten, pensionierten Kriminalbeamten«, fuhr ich den Überlegenen spielend fort, »und der kennt den ganzen langen Weg einer Tokarew aus der Pistolentasche eines toten Sowjetoffiziers bei Kiew bis hierher nach München ins Olympiagelände!«
Die letzten Worte hatte ich Bergmeister fast schreiend und voller Erregung entgegengeschleudert. Bergmeister war aufgesprungen. Ich erwartete jeden Augenblick, daß er sich auf mich stürzen würde. Instinktiv war ich ebenfalls aus meinem Sessel hochgeschnellt und hatte eine verteidigungsbereite Haltung eingenommen. Bergmeister atmete schwer. Sein mächtiger Brustkorb hob und senkte sich, seine Hände ballten sich zu Fäusten und öffneten sich wieder. Ich war aufs äußerste gespannt. Mein Atem ging keuchend. Plötzlich brach Bergmeister in lautes Gelächter aus. Es war ein böses Lachen.
»Warum rege ich mich denn eigentlich auf? Da taucht so ein Schmalspurjournalist einer Versicherung auf, der gerne Detektiv spielt. Er nennt mich einen Betrüger und einen Mörder. Absurdes Theater. Seien Sie froh, daß Sie nicht an den echten Boß geraten sind. Dem könnte vielleicht einfallen, demjenigen, der ihm fortwährend in die Suppe spuckt, einmal eine wirklich unvergeßliche Lektion zu erteilen. Allein mit einem Rasiermesser lassen sich Menschen, auch schöne blonde Mädchen, so behandeln, daß danach Kinder Angst vor ihnen haben. Verstehen Sie, was ich meine?«
Ich dachte an Gaby und fror. Es war auf einmal eine Eiseskälte um mich, gegen die die Polarluft der letzten Woche eine sanfte Sommerbrise war. Dann stieg eine heiße Welle in mir hoch. Blind für jede Gefahr und schreiend vor Wut stürzte ich mich auf Bergmeister. Der fing mich ab, packte mich am Pullover und wirbelte mich herum, so daß ich gegen die Wand knallte. In meinem Kopf wallten blutrote Nebel. Meine Knie knickten ein. Bergmeister zog mich hoch und zerrte mich zur Wohnungstür, öffnete sie und stieß mich auf den Flur. Mein Mantel flog mir hinterher. Die Wohnungstür wurde mit einem lauten Knall zugeworfen. Ich hatte die Begegnung mit dem großen Boß hinter mir. Und ich hatte versagt. Wie einen kleinen dummen Jungen hatte mich Bergmeister aus seiner Wohnung gefeuert. Ich stand in dem stillen kahlen Korridor und knirschte mit den Zähnen vor Wut und Ohnmacht.

Ich saß in meiner Wohnung. Rauchend, einen langen kühlen Gin-Tonic trinkend, ließ ich die Erregung abklingen und versuchte, einem Schamgefühl Herr zu werden, das jeden Mann überkommt, wenn er eine so

schmähliche Abfuhr erhält. Ich rauchte und trank. Allmählich bekam ich die Dissonanzen meiner Gefühle wieder unter Kontrolle. Ich begann den Besuch bei Bergmeister nüchtern und realistisch zu überdenken. Das Gespräch war im Grunde gar nicht so schlecht gelaufen. Bergmeisters Reaktionen hatten bewiesen, daß er zu verunsichern war, daß er sich bedroht fühlte. Mit der grausamen Drohung gegen Gaby und mich hatte er praktisch ein Geständnis abgelegt. Jetzt galt es, auf jede Aktion von Bergmeister sofort zu reagieren. Ich beschloß, sofort Bachmaier und Les zu informieren. Ich angelte mir das Telefon. Im Polizeipräsidium erfuhr ich, daß Kupfer und Bachmaier auf einer Dienstreise zum Bundeskriminalamt in Wiesbaden waren und erst am Montag wieder zurück sein würden. Bei der MP teilte man mir lakonisch mit, Captain Ransome sei »on duty«, im Dienst, und erst Montag wieder zu erreichen. Ein Scheißspiel, dachte ich, als ich den Hörer verärgert auf die Gabel knallte. Zuerst jagen die mich in die Höhle des Löwen, und wenn der dann aufgeschreckt brüllt und mit seinen Tatzen nach mir schlägt, stehe ich allein da.
Ganz gleich, ob Bergmeister am Wochenende etwas unternehmen würde oder nicht, ich wollte Gaby aus der Gefahrenlinie herausbringen. Ihre Sicherheit war nun das Wichtigste. Ich telefonierte mit dem Hotel »Zur Post«, in Reit im Winkl und reservierte für uns bis Montag ein Zimmer. Dann rief ich Gaby an und sagte ihr, sie solle ihre Skiklamotten packen, wir würden heute noch nach Reit im Winkl zum Skilaufen fahren und bis Montag dort bleiben.
»Herrlich, Klaus«, jubelte sie ins Telefon, »das ist das Schönste, was ich seit langem von dir gehört habe.«

Montag, 31. Januar
Nach einem langen, glücklichen Wochenende voller Sonne, Kälte, Pulverschnee saß ich wieder in meinem Büro. Soeben hatten Bachmaier und Les zugesagt, heute abend zu mir zu kommen, um sich von mir über meinen Besuch bei Bergmeister informieren zu lassen. Obwohl ich wußte, daß Gaby, heute wie auch morgen, den ganzen Tag ihre Praxis voller Patienten hatte und sie auch ihre Sprechstundenhilfe und ihre Haushälterin um sich haben würde, hatte ein undefinierbares Angstgefühl von mir Besitz ergriffen. Unruhe und Unrast, eine seltsame Nervosität waren hinzugekommen. Ich fühlte deutlich, daß bald etwas Entscheidendes geschehen würde. Der letzte Akt des Dramas neigte sich seinem Ende zu. Doch wie würde er enden? Würde es in diesem Spiel um

Verbrechen und Mord überhaupt Gewinner und Verlierer geben? Mir war klar, daß ich freiwillig eine der Hauptrollen übernommen hatte. Wie würde das Ende für mich aussehen? Die Karten waren gemischt. Ich hatte keinen Einfluß mehr darauf, wie sie fielen. Doch halt, bevor sie ausgeteilt wurden, hob man die Karten noch einmal ab. War das eine Chance, ein gutes Blatt zu bekommen? Wenn man die Dramaturgie dieses Mordspiels durchschaute, dann war das, was Bachmaier, Les und ich heute abend tun konnten, nichts anderes als das Abheben eines bereits gemischten Kartenspiels. Ich wollte auch die geringe Chance nutzen und wenigstens dafür sorgen, daß auch alle Karten auf dem Tisch lagen und keine davon gezinkt war. Ich nahm einen großen Bogen Papier und begann, gewissermaßen einen Organisationsplan des Verbrechens, der Morde, der Versicherungsbetrügereien aufzuzeichnen: Jedes Detail berücksichtigend, logische Schlüsse ziehend, Thesen und Theorien als solche kenntlich machend, Personen charakterisierend, sie in den Ablauf einbauend, ließ ich, gleichsam in Netzplantechnik, Planung und Ausführung der Verbrechen eines fast genialen, doch durch und durch bösen und pervertierten Gehirnes als Graphik vor mir entstehen. Zufrieden betrachtete ich die Begriffe, Namen und Stichworte und die bunten Linien, die diese miteinander verbanden. Der Mordfall Rucker war geklärt. Rien ne va plus, nichts geht mehr, dachte ich, faltete den Bogen zusammen und verstaute ihn in meinem Aktenkoffer. Ohne Konzentration begann ich in Papieren zu wühlen, mich mit irgendwelchen Arbeiten zu beschäftigen, um die Zeit bis zum Abend, zum Treffen mit Bachmaier und Les totzuschlagen.

Nach einem kurzen Abendessen im Restaurant Leopold, Steaksandwich, Salat und Bier, tigerte ich nun rauchend in meinem Wohnzimmer auf und ab, Bachmaier und Les ungeduldig erwartend. Den Bogen Papier, auf dem das Organigramm des Betrugs- und Mordfalles aufgezeichnet war, hatte ich an die Wand gepinnt. Immer wieder blieb ich davor stehen, mit Schaudern diese Graphik des Bösen betrachtend. Endlich kamen sie, zuerst Les, danach Kriminalobermeister Bachmaier, wie üblich müde und abgekämpft. Nachdem die Begrüßungsfloskeln gewechselt waren und vor jedem ein wohlgefüllter Bierkrug stand, begann ich von meinem Besuch bei Bergmeister zu berichten. Ich versuchte, jedes Detail, jede Regung von Bergmeister, jede meiner Empfindungen präzise zu schildern. Ich gewann den Eindruck, daß mir dies tatsächlich realistisch gelang, denn ich merkte, wie mir Les und Bachmaier mit steigender Spannung und immer stärker werdendem Interesse zuhörten. Als ich von meinem Bluff erzählte, nämlich dem pensionierten Polizisten, der den Weg einer Tokarew von Kiew bis München verfolgt haben wollte, pfiffen Les und Bachmaier wie auf Kommando durch die Zähne. Die Drohung gegen Gaby rief bei beiden Zorn hervor.

»Das ist ja entsetzlich«, ließ sich Bachmaier vernehmen.

»Auch das noch«, stöhnte Les.

»Wo hält sich Fräulein Dr. Schäffler im Augenblick auf?« fragte Bachmaier.

»Heute abend findet im Großklinikum in Großhadern ein Vortragsabend für Kinderärzte mit anschließender Diskussion statt«, antwortete ich. »Gaby wollte daran teilnehmen. Nach solchen Veranstaltungen geht sie dann meist mit Kolleginnen und Kollegen noch ein Glas Wein trinken. Vor Mitternacht dürfte sie kaum zu Hause sein.«

Bachmaier erhob sich und ging ans Telefon. Er wählte Gabys Nummer und ließ die Klingel am anderen Ende der Leitung eine Zeitlang anschlagen. Niemand meldete sich. Er legte den Hörer auf die Gabel zurück. »Fräulein Dr. Schäffler ist nicht zu Hause.«

Dann griff er sich das Telefonbuch, suchte eine Nummer und begann wieder die Wählscheibe zu drehen.

»Bei Ihnen läuft zur Zeit eine Vortragsveranstaltung für Kinderärzte«, sagte er, nachdem er sich mit Namen und Dienststellenbezeichnung gemeldet hatte. »Können Sie feststellen, ob sich Fräulein Dr. Gabriele Schäffler unter den Teilnehmern befindet? – Ja, danke. Ich warte.« Er blickte besorgt auf Les und mich. Doch dann hellte sich seine Miene wieder auf. »Hat sich in die Teilnehmerliste eingetragen. Ist also im Vortragssaal. Ob Sie ihr etwas ausrichten sollen? Nein, nein. Bitte sagen Sie ihr auch nichts von meinem Anruf. Danke. Auf Wiederhören.«

Wir atmeten auf. Doch Bachmaier fuhr fort: »Sie, Lambert, lassen Fräulein Dr. Schäffler nicht allein. Sobald wir hier fertig sind, auf alle Fälle aber vor Mitternacht, begeben Sie sich zu ihr. Und wer wird morgen bei ihr sein?«

»Ab acht Uhr morgens ihre Sprechstundenhilfe und ihre Haushälterin. Morgen ist die Praxis bis auf zwei Stunden Mittagspause den ganzen Tag geöffnet. Daher sind auch die beiden Frauen den ganzen Tag in ihrem Haus«, antwortete ich.

»Gut«, sagte Bachmaier, »und nach Büroschluß sind Sie wieder in Freimann.«

»Selbstverständlich«, sagte ich.

Les machte ein besorgtes Gesicht. Er schien betrübt darüber zu sein, daß er hier nicht helfen konnte.
»Du weißt, Klaus«, sagte er, »ich bin da, wenn ihr mich braucht!«
»Danke, Les. Ich weiß das.«
»Ich bin jetzt hundertprozentig sicher, daß Bergmeister der Kopf der Bande ist«, meinte Bachmaier mit einem grimmigen Gesicht.
»Damit sind wir bei meinem Thema«, sagte ich, indem ich mich erhob und zu dem an die Wand gehefteten Organigramm des Falles schritt.
»Ich habe mir die Arbeit gemacht«, begann ich, »und habe alles das, was sich bisher ereignet hat, was wir über den Fall wissen, was wir beweisen können, was wir vermuten, was unsere Theorie stützt, als Organisationsplan eines Verbrechens aufgezeichnet. Beginnen wir ganz am Anfang. Wie kam es zu den ersten Versicherungsbetrügereien? Buchberger hat sicher einmal einem guten Kunden aus reiner Gefälligkeit eine überhöhte Rechnung für die Versicherung ausgestellt. Und die wurde bezahlt. Doch eine Reparaturwerkstatt hat eine Reihe guter Kunden, und die versucht man sich zu halten. Dann kam Buchberger die Idee, dieses Spielchen doch auch einmal auf eigene Rechnung zu versuchen. Und siehe da, es funktionierte. Das muß zu der Zeit gewesen sein, in der das Unfallhelferunwesen ganz groß im Schwange war; also etwa vor zehn Jahren. Buchberger wollte plötzlich von diesem Kuchen ein Stück abhaben. Dadurch bekam er Kontakt zu Rechtsanwalt Strölinger. Der hatte gerade einen riesigen Bungalow in Geiselgasteig gebaut, eine schöne, anspruchsvolle Frau geheiratet. Und er hatte ja auch sein Hobby. Luxusnutten. Geld konnte der immer gebrauchen. Was lag also für die beiden näher, als sich zusammenzutun. Sie agierten mit großer Vorsicht und übertrieben die Betrügereien nicht. Und dadurch, daß sie keine Bande mit festen Mitgliedern arbeiten ließen, sondern für jeden einzelnen Betrugsfall immer wieder neue ›Mitarbeiter‹ engagierten, wurden die Versicherungen ständig mit neuen Namen konfrontiert und hatten daher keinen Grund, Verdacht zu schöpfen. Auch der Unsicherheitsfaktor eines nicht dichthaltenden Bandenmitgliedes fiel aus. Die beiden betrogen also herrlich und in Freuden. Staatsanwalt Bergmeister, das habe ich im Archiv der Abendzeitung herausgefunden, scheint einmal in einer schwachen Stunde einem Mannequin, das sich zum sogenannten Münchner Jet-Set zählte, aus der Patsche geholfen zu haben. Sie fuhr mit ihrem Porsche angetrunken unter Mißachtung der Vorfahrt an der Kreuzung Potsdamer-/Leopoldstraße in einen stadtauswärts fahrenden Personenwagen. Es gab drei Verletzte. Bergmeister, als Ankläger, verzichtete, was

einiges Aufsehen erregte, auf das übliche harte Strafmaß. Das Dämchen kam mit einem blauen Auge, sprich Geldstrafe davon. Einige Zeit später taucht der Name Bergmeister in den Klatschspalten der Münchner Boulevardzeitungen auf. Auf einem Jet-Set-Treff begegnen sich Bergmeister und Vera Strölinger. Ihr Mann und Bergmeister sind sich nicht unbekannt. Im Gerichtssaal haben sie als Ankläger und Verteidiger schon manchen harten Strauß ausgefochten, wobei sich Siege und Niederlagen die Waage hielten. Vera Strölinger und Bergmeister verlieben sich ineinander. Bergmeister schafft es, daß ihm Vera Strölinger total verfällt, ihm hörig wird. Bei irgendeiner Gelegenheit erzählt Vera Strölinger ihrem Geliebten, was ihr Mann und Buchberger da für ein lukratives Nebengeschäft aufgezogen haben. Und Bergmeister, der im Jet-Set die Luft der vermeintlich großen Welt geschnuppert und Blut geleckt hat, wittert hier das Geschäft seines Lebens, das ganz große Geld...«
»Und bis jetzt trog ihn seine Witterung nicht«, unterbrach mich Les, »denn der hat doch bisher mindestens zweieinhalb Millionen Märker kassiert.«
»Genau«, antwortete ich, »doch laß mich weitersprechen. Was macht Bergmeister? Der nimmt sich Strölinger und Buchberger vor und stellt sie vor die Alternative: Entweder ihn am Geschäft zu beteiligen oder in den Knast zu wandern. Was bleibt den beiden anderes übrig, als auf die Forderung des Staatsanwalts einzugehen. Doch dem geht alles zu langsam, für ihn ist das Geschäft, wie es bisher beschrieben wurde, eine Nummer zu klein. Also wird ausgebaut. Wahrscheinlich war es Bergmeisters Einfall, Rentner als Zeugen anzuheuern. An einsame, arme, alte Menschen ist immer leicht heranzukommen, besonders wenn man viel bietet und wenig verlangt. Doch die Unfälle und damit auch der Bedarf an Zeugenaussagen häufen sich. Die Alten werden mißtrauisch. Und als bei einem solchen gestellten, betrügerischen Unfall die ersten Menschen verletzt werden, versuchen sie auszusteigen. Daraufhin passieren die Unfälle, die Meisinger und Junginger das Leben kosten. Doch die Alten bleiben starrsinnig und verweigern weitere Mitarbeit. Rucker wird ermordet, seine Leiche dort plaziert, wo sie rasch gefunden wird...«
»Und der Finder«, unterbrach mich Bachmaier sarkastisch, »ist unser Freund Klaus Lambert, der mit guter, alter journalistischer Neugierde und seiner Spürnase in den Fall einsteigt, dafür mit Säure begossen wird, eins auf die Birne bekommt, sich mit einer Tokarew beschießen lassen muß und letztlich mit einem Arschtritt aus der Wohnung eines Staatsanwalts befördert wird...«

Les war inzwischen in der Küche verschwunden. Mit schäumenden Bierkrügen kam er ins Wohnzimmer zurück. Ich trank durstig, ehe ich mit meiner Schilderung und Demonstration vor dem Organigramm fortfuhr. »Clever, wie Bergmeister ist, läßt er feststellen, wer den toten Rucker gefunden hat. Als er erfährt, daß dieser Finder Journalist ist und noch dazu als Pressesprecher für eine Versicherung arbeitet, gibt er folgende Parole aus: Laßt den Burschen nicht aus den Augen, und wenn er versucht, seine Nase in unsere Angelegenheiten zu stecken, dann verpaßt ihm einen Denkzettel. Das führte zu dem Säureanschlag auf mich, nachdem ich mich in dem Altenwohnheim umgesehen und in dem Wirtshaus mit den drei alten Postlern gesprochen hatte. Bergmeister blieb dennoch mißtrauisch und ließ mich weiter beobachten. Bergmeisters Wachhund Wladimir Kowalenko war der ideale Typ dafür. Nach Gesprächen mit euch beiden und aufgrund von Unterlagen im Büro kam ich auf den Gedanken, daß es sich um Versicherungsbetrug handeln könnte. Recherchen beim Verband der Autoversicherer und anderen Versicherungsgesellschaften lieferten die ersten Beweise dafür. Danach stellte ich einen Bericht zusammen, den ich zunächst Ihnen, Bachmaier, und dann auch Kriminalrat Kupfer übergab. Das Fatale daran ist ja immer noch, daß die Polizei damit, ohne mich vor meinen Chefs in die Pfanne zu hauen, nichts oder nur wenig anfangen kann ...«

»Dies ist ja auch der Grund, warum wir uns in dieser vertrackten Situation befinden«, unterbrach mich Bachmaier mit Bedauern in der Stimme.

»Aber die Zeit arbeitet doch für Sie«, sagte Les, »es ist doch nur eine Frage von Tagen, bis Sie soweit sein dürften, den ganzen Laden endgültig hochgehen zu lassen.«

»Und inzwischen«, sagte Bachmaier heftig, »ist Bergmeister mit seiner Vera Strölinger für uns unerreichbar über alle Berge ...«

»Kann sein, muß aber nicht«, warf Les ein, »den Bluff mit dem alten Polizisten und dem Weg der Tokarew finde ich prima. Es könnte sein, daß Bergmeister sehr bald etwas unternimmt.«

»Ihr Wort in Gottes Ohr«, knurrte Bachmaier.

»Laßt uns zum Ende kommen«, bat ich, »und unterbrecht mich bitte nicht immer. Als ich mir nun weitere Beweise beschaffen will und bei Buchberger einsteige, werde ich niedergeschlagen und bekomme die Kontoauszüge weggenommen. Les holt mich aus dem Büro heraus. Auf dem Weg nach Freimann wird auf uns geschossen; aus einer sehr seltenen Pistole, nämlich aus einer 7.62er Tokarew. Derjenige, der mich zusammengeschlagen und dann auf Les und mich geschossen hat, war, dessen bin ich sicher, Bergmeister selbst. Übrigens, bei dieser Gelegenheit meine Theorie über die Tokarew: Bergmeister wußte, daß Wladimir Kowalenko Russe ist und bei Kriegsende mit Buchberger nach Deutschland gekommen war. Was lag also näher, den Verdacht durch eine russische Pistole automatisch auf Kowalenko zu lenken. Vielleicht stammt die Waffe sogar aus der Asservatenkammer der Polizei. Ich würde da mal nachforschen, lieber Bachmaier. Doch weiter im Text: Durch meinen Einbruch bei ihm wird Buchberger zum Risiko. Bergmeister selbst ermordet ihn oder läßt ihn ermorden. Die Killer reisen aus einer anderen Stadt an, töten Buchberger und schaffen alle Beweise beiseite. Doch ich stoße auf Buchbergers Verbindung mit Strölinger. Als ich diesen aufsuche und ihm das Stichwort Versicherungsbetrug souffliere, verliert er die Nerven. Er rafft alles Geld, dessen er habhaft werden kann, zusammen, darunter auch normale Klientengelder aus seiner Praxis, insgesamt schätzungsweise zweieinhalb Millionen, und verschwindet. Kowalenko, hilflos ohne seinen Herrn und Meister, gerät in Panik und versucht abzuhauen. Um sich schießend stirbt er im Kugelhagel der Polizei. Bergmeister, von Vera Strölinger genau ins Bild gesetzt, nimmt sofort die Suche nach Strölinger auf. Als er ihn endlich aufspürt, verschafft er für Vera Strölinger und sich hieb- und stichfeste Alibis und erschießt Strölinger. Wiederum benutzt er die Tokarew. Nun hat er das ganze Geld. Ich bin mir ganz sicher, daß es in einem ebenso einfachen wie sicheren Versteck zusammen mit der Tatwaffe liegt. Gestern tauche ich bei Bergmeister auf, der Rest ist bekannt.«

Abgespannt ließ ich mich in einen Sessel fallen, zündete mir eine Zigarette an und tat einen langen durstigen Schluck aus meinem Bierkrug.

»Ein fast perfektes Verbrechen«, meinte Les.

»Eine saubere Arbeit von Klaus Lambert«, sagte Bachmaier anerkennend.

»Das Organigramm bekomme ich«, bat er dann noch und fuhr fort, »ich kenne nicht viele Polizisten, die einen Fall so klar durchsichtig und verständlich darstellen können.«

Dies war ein dickes Kompliment. »Die Folge von fünfzehn Jahren Praxis als Journalist«, sagte ich bescheiden.

»Ein fast perfektes Verbrechen«, sagte Les noch einmal, »das durch einen Zufall entdeckt und aufgeklärt wurde.«

»Genau«, meinte Bachmaier, »der einzige Fehler, den die Verbrecher

machten, war der, daß sie die Leiche des alten Rucker vor den Golf unseres Freundes Lambert legten.«
»Stimmt«, sagte Les.
»Na ja«, sagte ich.

Dienstag, 1. Februar
Gaby war gestern abend sehr erstaunt, mich in ihrer Wohnung vorzufinden, als sie von dem Vortrags- und Diskussionsabend zurückkehrte. »Ich habe ganz einfach Sehnsucht nach dir gehabt«, hatte ich ihr auf ihre verblüffte Frage, warum ich hier sei, geantwortet. »Das ist sehr schön«, hatte Gaby darauf zärtlich geflüstert und war in meine Arme gekommen. Nun saß ich an meinem Schreibtisch im Büro und ließ eine Nacht voller Liebe und Zärtlichkeit in mir ausklingen. Der Fall des verbrecherischen Staatsanwalts Werner Bergmeister hatte für mich gestern sein Ende gefunden. Jetzt war die Polizei am Zuge. Nun konnte sie auch die Akten beschlagnahmen lassen, um den ganzen Fall von Anfang an beweiskräftig aufrollen zu können. Ich hatte vor, an meine Vorgesetzten heute noch eine ausführliche Aktennotiz über die von mir entdeckten Betrügereien zu schreiben. Dann war für mich die Angelegenheit erledigt. Ich war getreten worden, hatte kräftig zurückgetreten. Mein Bedarf an Verbrechen war gedeckt, die Lust am intellektuellen Spiel, der Jagd nach dem Täter befriedigt. Ich wollte nichts als meine Ruhe haben, mit Schwung und Elan meine Arbeit tun und in meiner Freizeit für Gaby da sein. Vor mir lag die Eingangspost. Ich zog mir den Stapel Papiere heran und begann ihn durchzuarbeiten. Ich hatte noch keine zehn Seiten der ihrer Erledigung harrenden Vorgänge gelesen, als das Telefon schrillte. Laut, drängend und fordernd, wie mir schien. Ich griff nach dem Hörer.
»Herr Lambert, kommen Sie ganz schnell«, schluchzte Gabys Sprechstundenhilfe, »es ist was Schreckliches passiert!«
Einen Moment saß ich starr vor Schreck, dann schrie ich ins Telefon: »...und Gaby, was ist mit ihr?«
»Sie ist wohlauf, aber kommen Sie schnell!«
Ich sprang hoch, daß mein Schreibtischstuhl nach hinten wegkippte. Ich riß meinen Mantel aus dem Schrank und rief im Hinausrennen meiner Sekretärin zu, sie solle Captain Ransome anrufen und ihm mitteilen, er möge sofort zu Dr. Schäffler nach Freimann kommen. Es sei äußerst dringend. Dann wetzte ich, ohne auf den Lift zu warten, die sechs Treppen nach unten. Ohne neugierig glotzende Passanten zu beachten, rannte ich, so schnell ich konnte, durch den eisigkalten Vormittag des ersten

Februartages die Leopoldstraße hinunter zur Tiefgarage im Fuchsbau, wo ich meinen Golf stehen hatte. Ich warf mich hinter das Steuer. Die eisige Winterluft brannte in meinen Augen. Mein Atem ging hechelnd, vor meinen Augen flimmerte es. Ich startete den Motor, hieb den ersten Gang rein und jagte mit schrill quietschenden Reifen die Auffahrt hinauf zur Ungererstraße. Ohne Rücksicht auf die Geschwindigkeitsbegrenzung raste ich, so schnell es der Verkehr erlaubte, hinaus nach Freimann, blinkend und hupend, Flüche, Schimpfworte und den deutschen Autofahrergruß, das berühmte Vogelzeichen, einheimsend. Die knappen fünf Minuten, die ich dafür benötigte, kamen mir wie eine Million Stunden vor. Endlich brachte ich den Golf mit schlitternden Reifen zum Stehen. Als ich die Tür hinter mir zuknallte, schleuderte ein Ford-Mustang um die Kurve. Les.

Ich rannte durch den Vorgarten und schloß die Eingangstür auf, die ich für Les offenließ. Dann wandte ich mich mit noch immer fliegendem Atem nach links zu den Räumen der Praxis. Aufgeregt gestikulierend, mit vom Weinen geröteten Augen, zusammenhanglose Worte hervorschluchzend, stolperten mir Gabys Sprechstundenhilfe und Haushälterin entgegen. Ich schob sie zur Seite und trat in Gabys Sprechzimmer. Die Verwüstung traf mich wie ein Schlag. Die gläsernen Instrumenten- und Medikamentenschränke waren zerschlagen. Ihr Inhalt lag inmitten der Glasscherben über das ganze Zimmer zerstreut auf dem Fußboden. Die mit Kunststoff bezogene Patientenliege war durch Schnitte zerfetzt, Blutdruckmeßgeräte und andere medizinische Apparaturen waren aus den Wänden gerissen. Das EKG-Aufnahmegerät lag ebenso zerschmettert wie eine elektrische Schreibmaschine in einer Ecke des Zimmers. Über allem die zerrissenen und zerknüllten Blätter der Patientenkartei. Inmitten dieses Chaos kauerte auf einem heil gebliebenen Hocker meine Gaby. Sie hatte die Hände vors Gesicht geschlagen und weinte hemmungslos. Ihre Schultern zuckten, ihr Körper bebte. Als ich sie hochzog, ihr die Hände vom Gesicht nahm und meine Arme um sie legte, erblickte ich eine blutunterlaufene Beule an ihrer linken Schläfe. Ich hätte heulen können vor Wut. Ich hielt Gaby behutsam umschlungen und führte sie die Treppe hinauf in unsere privaten Räume. Dabei bedeutete ich Les, den beiden Frauen klarzumachen, sie sollten so rasch wie möglich etwas Ordnung schaffen. Ich zog Gaby auf die Couch nieder und legte ihre Beine hoch. Sie hatte aufgehört zu weinen, doch ihr Körper bebte immer noch von unterdrücktem Schluchzen. Ich ging zur Anrichte, goß einen großen Cognac ein und setzte ihr das Glas an die Lippen. Ihre Zähne schlugen

gegen den Rand des Glases. Mit kurzen Schlucken leerte sie es. Ich stellte das leere Glas auf den Tisch, wandte mich ihr wieder zu und küßte sie sanft und voller Liebe auf die Wange. »Besser, Liebes?« fragte ich.
»Ja, Klaus«, stieß sie hervor, bemüht, weiteres Schluchzen zu unterdrükken. Les erschien in der Tür und zeigte mir durch Gesten, daß unten die Aufräumungsarbeiten in Gang gekommen seien. Dann ging er zur Anrichte und goß Cognac für mich und für sich in die bauchigen Schwenker. Die Flasche in der Hand, blickte er fragend auf Gaby. Sie schüttelte den Kopf.
»Bist du in der Lage, zu erzählen, was geschehen ist?« fragte ich Gaby. Sie nickte und setzte sich kerzengerade hoch.
»Ich hatte gerade einen kleinen Jungen zu einer routinemäßigen Untersuchung im Sprechzimmer, als im Wartezimmer ein Tumult entstand. Ich ging hinaus, um nachzusehen. Zwei Männer waren dabei, den Patienten klarzumachen, daß meine Sprechstunde für heute beendet sei. Natürlich protestierte ich heftig. Der eine der Männer zog mich daraufhin in mein Sprechzimmer und brüllte mich an, ich solle den Mund halten. Nach einiger Zeit kam der andere, meine Sprechstundenhilfe und Haushälterin vor sich herstoßend, in den Raum. Während uns einer in eine Ecke drängte und mit einem aufgeklappten Rasiermesser in Schach hielt, begann der andere systematisch das Zimmer zu verwüsten. Als er sich den Instrumentenschrank vornahm, warf ich mich auf ihn. Doch ein Fausthieb gegen den Kopf schleuderte mich in die Ecke zurück. Als sie ihr Werk der Verwüstung vollendet hatten, verließen sie unter Drohreden das Haus. Ich rannte ihnen sofort nach und sah noch einen grünen Opel-Admiral mit einem Kölner Kennzeichen um die Ecke jagen. Als ich ins Haus zurückkam, war meine Sprechstundenhilfe gerade dabei, dich anzurufen. Dann haben wohl meine Nerven versagt und ich bin heulend auf den Hocker gesunken. Wie lange ich dasaß, weiß ich nicht.«
Les bot Zigaretten an und goß noch einmal Cognac in die Schwenker. Danach glitt er wortlos in einen Sessel. Er schien angestrengt zu überlegen. Ich dachte daran, Kupfer und Bachmaier zu verständigen. Als ich diesen Vorschlag machen wollte, stoppte mich Les mit einer Handbewegung. Gaby und ich blickten verwundert auf ihn. Plötzlich stellte er mit einem lauten trockenen Knall sein Glas zurück auf den Tisch und schnellte aus dem Sessel hoch.
»Hoffentlich kommen wir nicht zu spät«, rief er hastig aus und machte Anstalten aufzubrechen.
»Zu spät ...?« fragte ich erstaunt.

»Mensch, Klaus, verstehst du denn nicht, dieser Anschlag auf Gaby hier war doch nur ein Ablenkmanöver von Bergmeister. Das hier war seine Abschiedsvorstellung. Er ist doch nicht der Typ, der sich klammheimlich verdrückt; er scheint den großen Abgang zu lieben! Seine Absicht ist doch klar: Er will uns hier festnageln, um ungestört abhauen zu können. Dein Besuch bei ihm ist also doch nicht ohne Wirkung geblieben. Jetzt haben wir den Bastard da, wo wir ihn schon immer haben wollten. Gaby, so leid es mir tut, dich jetzt allein lassen zu müssen, aber Klaus und ich müssen jetzt los, wenn wir Bergmeister schnappen wollen. Das Maß ist voll. Wir werden ihn dem Kupfer auf alle Fälle liefern, und wenn ich ihn vorher sauer einwecken muß!«
Les packte mich am Ärmel und zog mich nach draußen.
»Du bist jetzt sicher, Liebes«, rief ich Gaby noch zu, als wir die Treppe hinuntereilten.
»Klaus, Klaus ...«, hörte ich Gabys verzweifelt klingende Stimme.
»Wir nehmen deine Karre«, sagte Les und steuerte auf den Golf zu. Durch den dichten Verkehr quälten wir uns auf dem Frankfurter Ring zum Olympiagelände. Als wir in den Helene-Mayer-Ring einbogen, schlug mir Les leicht gegen den Arm. »Langsam, Klaus, sieh mal, da drüben!« Ich trat auf die Bremse und fuhr den Golf rechts an den Bordstein. Etwa dreihundert Meter vor uns, auf der anderen Straßenseite, parkte ein Taxi, in das gerade Koffer und Taschen geladen wurden. Die beiden Fahrgäste, denen diese Gepäckstücke gehörten, waren niemand anders als Vera Strölinger und Werner Bergmeister.
»Du hast recht gehabt, Les, mit deiner Vermutung. Die beiden da vorne, das sind sie!«
»O Jesus«, stöhnte Les.
Ich überlegte kurz.
»Du bleibst hier im Golf und folgst dem Taxi. Ich schnappe mir ein anderes, versuche herauszufinden, welches Ziel die beiden haben, und verständige Kupfer und Bachmaier.«
»Okay«, sagte Les.
Ich verließ den Golf und spurtete zurück zu dem Taxistand an der Endhaltestelle der U-Bahn. Der Fünfhundert-Meter-Sprint ließ mich keuchen und machte mich taumeln. Atemlos warf ich mich in ein Taxi. Ich holte einen Zwanzig-Mark-Schein aus der Brieftasche, zeigte ihn dem Fahrer und sagte: »Der gehört Ihnen, wenn Sie über Ihre Funkzentrale herausfinden können, welches Ziel der Wagen hat, der dort vorne am Helene-Mayer-Ring gerade vollgeladen wird.«

»Her damit«, lachte der Taxifahrer, »ich habe nämlich den Funkverkehr mitgehört, der Kollege fährt zum Flughafen.«
»Hier«, sagte ich und steckte ihm den Geldschein entgegen, »und wir fahren jetzt auch zum Flughafen nach Riem. Doch bei der nächsten Telefonzelle halten Sie, ich muß noch ein dringendes Gespräch führen.«
»Gleich dort drüben ist eine«, meinte der Taxifahrer und deutete auf den Eingang, der zur U-Bahn hinabführte.
»Warten Sie unter allen Umständen auf mich«, wies ich den Fahrer an und rannte zu der Telefonzelle. Ich steckte zwei Zehn-Pfennig-Münzen in den Schlitz und wählte Bachmaiers Nummer. Er war sofort am Apparat.
»Lambert hier«, rief ich ohne die üblichen Begrüßungsfloskeln in die Sprechmuschel, »hören Sie, Bachmaier, der Bergmeister und die Strölinger versuchen abzuhauen. Machen Sie sofort den Flughafen dicht. Mein Besuch bei Bergmeister hat das gebracht, was wir wollten.«
»Okay«, sagte Bachmaier, ohne eine Frage zu stellen. Ich ging zum Taxi zurück, setzte mich neben den Fahrer und zündete mir eine Zigarette an.
»Auf geht's nach Riem«, sagte ich.
»Gut«, sagte der Fahrer und schaltete die Zähluhr ein. Als das Taxi vor der Abfertigungshalle für Auslandsflüge zum Stehen kam, sah ich durch die doppelten, automatischen Glastüren Bachmaier und Les heftig gestikulierend miteinander sprechen. Ich bezahlte den Fahrer und eilte auf die beiden zu.
»Die Strölinger und der Bergmeister haben schon eingecheckt nach Belgrad, Warteraum B7. Sie können keinen Schritt mehr unbeobachtet tun. Ich lasse gerade ihr großes Gepäck durchsuchen. Ihr Handgepäck ist sauber.«
»Prima«, sagte ich, »und wenn das auch sauber ist, dann fliegen die beiden ungehindert und seelenruhig nach Belgrad.«
»Genau das tun die beiden nicht, denn Sie, Captain Ransome und ich gehen jetzt, für Bergmeister deutlich sichtbar, in den Warteraum B7«, sagte Bachmaier, »mal sehen, wie unser Freund reagiert, wenn wir drei Hübschen ausgerechnet jetzt auftauchen.«
»Gehen wir«, sagte ich.
Ohne Hast und Eile schritten wir durch die langen Gänge. Der Beamte an der Paßkontrolle nickte Bachmaier zu und blickte fragend auf Les und mich. Als Bachmaier mit einer Handbewegung o. k. signalisierte, konnten

wir mit ihm passieren. Der Warteraum B7 lag genau dem Duty-free-shop gegenüber. Vera Strölinger befand sich am Parfumstand und nahm eine mit dem gelben Zollband versiegelte Plastiktüte entgegen.
»Die beiden Frauen vor und hinter der Strölinger«, flüsterte uns Bachmaier zu, »sind Kriminalbeamtinnen. Die ist bereits in besten Händen.«
Bergmeister saß auf dem ersten Stuhl neben der Tür, die auf das Flugfeld führte. Als wir durch die Absperrung in den Warteraum traten, sah er von seiner Zeitung hoch. Wir blickten uns voll in die Augen. Ich konnte ein triumphierendes Lächeln nicht zurückhalten. Bergmeisters Gesicht verzerrte sich vor Wut. Er fetzte die Zeitung zur Seite und riß die Tür zum Flugfeld auf. Ohrenbetäubender Düsenlärm schlug wie ein Hammer gegen mein Trommelfell. Bergmeister spurtete schräg über das Vorfeld nach links, nach Osten, wo die Wartungshallen lagen. Offenbar sah er dort seine Chance, entkommen zu können. Bachmaier, Les und ich setzten ihm nach.
Uniformierte Beamte kamen hinter einem Flughafenbus hervor und versuchten, ihm den Weg abzuschneiden. Ein Jumbo-Jet der PanAm rollte auf seine Startposition. Draußen auf der Landepiste schwebte ein Airbus ein und schaltete seine gigantischen Düsentriebwerke auf den bremsenden Gegenschub, sobald er auf der Landepiste aufgesetzt hatte. Der Lärm wurde zu einem peinigenden, kaum noch zu ertragenden Inferno von pfeifenden und heulenden Geräuschen. Plötzlich hielt Bachmaier im Laufen inne. Mit ausgebreiteten Armen brachte er auch Les und mich zum Stehen. Keine hundert Meter vor dem wie ein gehetztes Tier rennenden und sich ständig nach den uniformierten Polizisten umdrehenden Bergmeister rollte eine zweimotorige Sportmaschine aus einer der Hallen in Richtung Startpiste. Bergmeister jagte genau auf sie zu. Im infernalischen Heulen und Pfeifen der Düsengetriebe konnte er unmöglich das Tuckern der Kolbenmotoren der Sportmaschine hören. Sich umblickend rannte er weiter. Les dunkles Gesicht wurde grau, Bachmaiers Lippen waren ein messerscharfer Strich, und ich wandte mich ab, als die Propellerblätter der Sportmaschine Staatsanwalt Werner Bergmeister mit der Präzision von Hackmessern erfaßten.

Das Buch

Haben Sie schon einmal gehungert? Mit knurrendem Magen Kalorien gezählt? Ihre mangelnde Selbstdisziplin verflucht? Angelika Grauer und Peter F. Schlottke wollen den Weg zu einer neuen Einstellung ebnen: Sie hinterfragen allgemein verbreitete Ansichten zum vermeintlichen Übergewicht und machen Mut, eine individuelle »Linie« zu entdecken und zu ihr zu stehen. Dabei zeigen sie auch am Beispiel der Ernährungsberichte, wie sich Einstellung und Verhalten der Bevölkerung zur Ernährung in den letzten Jahren verändert haben: Galten »Dicke« noch vor fünfzehn Jahren als sympathisch, umgänglich, ausgeglichen und hilfsbereit, so werden sie heute als willensschwach, unflexibel und emotional fehlangepaßt beurteilt. Übergewicht wird als »Volksseuche Nr. 1« angeprangert.
Grauer und Schlottke belegen ebenfalls, wie sich in den letzten Jahren der wissenschaftliche Erkenntnisstand hierzu verändert hat: Die gesundheitliche Bedeutung des Idealgewichts – das angeblich langes Leben verheißt – wird wieder kritischer diskutiert. Schließlich stellen sie auch die Fragwürdigkeit eines Schönheitsideals in einen größeren Zusammenhang: Sein historischer Wandel war immer eng mit der Stellung der Frau in der jeweiligen Gesellschaft verbunden, von männlichen Vorurteilen zur Wirksamkeit bestimmter erotischer Signale beherrscht.
Ein Fragebogen hilft, die eigene persönliche Einstellung zum Schlanksein zu hinterfragen. Ein Buch, das deutlich macht, wie wichtig es ist, sich vom propagierten Schönheitsideal zu lösen und für sich selbst individuelle Normen zu entwickeln.

Die Autoren

Angelika Grauer – die selbst jahrelang unter dem Diätterror gelitten hat – wurde 1956 in Stuttgart geboren. Sie studierte Psychologie an der Universität Tübingen. Seit Abschluß des Studiums Mitarbeit am Deutschen Institut für Fernstudien. Freiberuflich ist sie als Therapeutin tätig.
Peter F. Schlottke, 1941 geboren, studierte Pädagogik, Psychologie und Soziologie, habilitierte sich 1984 und lehrt heute an den Universitäten Tübingen und Stuttgart; in Stuttgart ist er Leiter der Psychologischen Abteilung. Veröffentlichungen u. a.: ›Psychologische Behandlung von Kindern und Jugendlichen‹ (1980), ›Streß und Entspannung im Unterricht‹ (1983).